面向“十二五”高职高专规划教材

高等职业教育骨干校课程改革项目研究成果

石油化工实训指导

主　编　吴鹏超

副主编　赵艳芳

北京理工大学出版社

BEIJING INSTITUTE OF TECHNOLOGY PRESS

内容简介

本书由实验操作类、仿真类、安全类三个模块组成，介绍了催化裂化、催化加氢、催化重整实验装置的操作，催化裂化装置、催化加氢装置、连续重整装置、原油常减压工艺、甲醇合成工段、甲醇精制工段、聚氯乙烯生产工艺、聚丙烯生产工艺、二甲醚生产工艺仿真操作以及石油化工安全等相关内容。本书主要侧重于各工艺冷态开车及正常停车，同时列举了各工艺经常出现的事故及事故应急处理方法。

本书的特点是将学习、教学、实践相结合，便于作为开展“教、学、做一体化”的指导教材。这一思路来自长期的教学实践，符合培养高技能人才的学习规律。本书可作为高职高专石油化工生产技术专业的实训教材，也可作为石油加工以及化工生产企业职工培训的参考书。

图书在版编目（CIP）数据

石油化工实训指导／吴鹏超主编．—北京：北京理工大学出版社，2015.10

ISBN 978－7－5682－1442－1

Ⅰ.①石…　Ⅱ.①吴…　Ⅲ.①石油化工－高等职业教育－教材　Ⅳ.①TE65

中国版本图书馆CIP数据核字（2015）第258577号

出版发行／北京理工大学出版社有限责任公司
社　　址／北京市海淀区中关村南大街5号
邮　　编／100081
电　　话／（010）68914775（总编室）
（010）82562903（教材售后服务热线）
（010）68948351（其他图书服务热线）
网　　址／http：//www.bitpress.com.cn
经　　销／全国各地新华书店
印　　刷／北京九州迅驰传媒文化有限公司
开　　本／710毫米×1000毫米　1/16
印　　张／13.75
字　　数／229千字
版　　次／2015年10月第1版　2015年10月第1次印刷
定　　价／32.00元

责任编辑／钟　博
文案编辑／钟　博
责任校对／周瑞红
责任印制／王美丽

前　言

本书以培养面向生产、建设、服务和管理第一线的高技能人才为目标，从转变传统教育思想出发，重组课程体系，重点加强对学生实践技能及综合运用知识能力的培养。

为适应高职教育的改革要求，我们通过对化工企业所涉及的工作岗位进行调研分析，结合企业工程技术人员的宝贵经验，总结出操作石油化工生产各个工艺应具备的知识及技能。本书以工艺生产为主线，以岗位知识及技能为切入点，按照“教、学、做一体化”的教学模式设计进行整体布局。为便于学生自学、教师教学，从实际应用出发，全书分为实验操作类、仿真类及安全类三大模块。在每个模块中，我们设置了与各生产工艺相对应的学习、教学和实践项目，使学生在完成工作任务的同时，提高分析及解决生产实际问题的能力。

本书由内蒙古化工职业学院吴鹏超担任主编，由赵艳芳担任副主编。项目一、项目二、项目四和项目五由内蒙古化工职业学院吴鹏超编写；项目三、项目六、项目九和项目十由内蒙古化工职业学院赵艳芳编写；项目七和项目八由内蒙古化工职业学院乌仁其木格编写；项目十一和项目十二由内蒙古化工职业学院高赛生编写；全书由吴鹏超统稿及定稿。

本书在编写过程中得到了院系各级领导、秦皇岛博赫科技开发有限公司、北京东方仿真软件技术有限公司、北京华康达计算机应用技术有限公司、北京理工大学出版社有限责任公司的大力支持和协助，在此表示衷心的感谢。

限于编者的水平，同时本领域的知识发展、更新迅速，书中难免有不当之处，敬请广大读者批评指正。

编　者

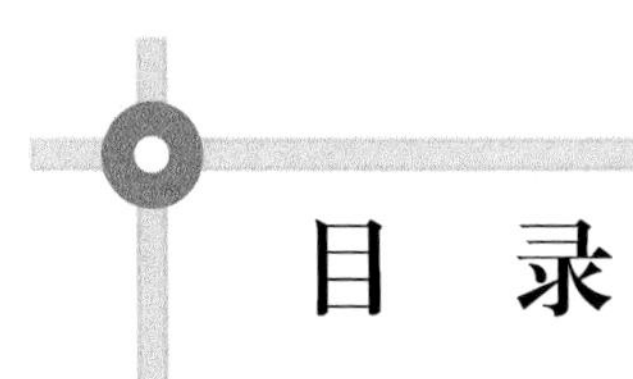

目　录

模块一　石油化工实验操作

模块二　石油化工仿真实训

模块三　石油化工安全实训

模块一　石油化工实验操作

项目一

催化裂化实验装置

[学习目标]

<table>
<tr><td colspan="2">总体技能目标</td><td>能够根据生产要求正确分析工艺条件；能对本工段设备的开车、停车、置换、正常运转、常见生产事故处理、日常维护保养和有关设备的试车及配合检修进行正确操作，并具备岗位操作的基本技能；能初步优化生产工艺过程</td></tr>
<tr><td rowspan="3">具体目标</td><td>能力目标</td><td>（1）能根据生产任务查阅相关书籍与文献资料；
（2）能对工艺参数进行正确的选择、分析，在操作过程中应具备工艺参数的调节能力；
（3）能对本工段所属设备进行正确的开车、置换、停车等操作；
（4）能对生产中的异常现象进行正确的分析、诊断，具有事故判断与处理的能力；
（5）能对有关设备的试车及配合进行正确的维护、检修；
（6）能正确操作与维护相关的机电和仪表</td></tr>
<tr><td>知识目标</td><td>（1）掌握催化裂化工艺的原理及工艺过程；
（2）掌握催化裂化工段主要设备的工作原理与结构组成；
（3）熟悉工艺参数对生产操作过程的影响，会对工艺条件进行正确的选择；
（4）熟悉催化裂化所用的催化剂的性能及使用工艺；
（5）掌握生产工艺流程图的组织原则和分析评价方法；
（6）了解与岗位相关的机电、仪表的操作与维护知识</td></tr>
<tr><td>素质目标</td><td>（1）学生应具有自我学习、查阅资料、语言表达和团队合作的能力；
（2）学生应具有化工生产规范操作意识、判断力和紧急应变的能力；
（3）学生应具有综合分析问题和解决问题的能力；
（4）学生应具有职业素养、安全生产意识和环境保护意识</td></tr>
</table>

任务一　催化裂化实验装置概述

催化裂化实验装置包括催化裂化装置集散控制系统、催化裂化真实实训装置、仿真系统（其又包括三维虚拟工厂、催化裂化装置仿真系统、DCS[1]）

---

① DCS 的英文全称是 Distributed Control System，中文意思是集散控制系统。

三个部分。这三个部分能够有机地结合为一个整体来完成整个教学系统的主要功能，从外观和数据上逼真地反映出实际生产现场各种设备的外观及生产流程，允许培训人员进行现场操作，以便能够根据教学模型所产生的新的生产过程的状态数据，及时地反映操作后的现场情况。

催化裂化实验装置是一种通用型的裂化反应装置。其可用于研究催化剂性能、考查催化剂寿命，以及进行催化动力学参数试验。原料油为液态烃、汽油、柴油、蜡油、渣油等。催化裂化实验装置能够进行催化裂化反应、催化剂再生并对物料平衡进行衡算，对催化剂进行装卸等，其控制系统采用计算机进行自动控制和监控操作。该装置仪表控制系统采用集散控制系统，能够完成准备、吹扫、反应、汽提、再生五个工艺阶段的操作。该装置采用一路原料气体进料，一路吹扫氮气和二路液体进料。氮气系统用于吹扫、气密以及反应产物的气提等。反应炉采用五段加热，分别控温，这样既能保证炉内等温段长度不小于催化剂床层高度，进行等温反应，也能产生一定的温度梯度，进行非等温反应。该装置具有先进的温度控制、气体流量控制、压力控制和可靠的安全措施。当装置系统的温度超过设定温度值时即可报警并自行断电；当泵出口压力超过设定压力时安全阀起跳，从而对设备和装置系统起到保护作用。催化裂化实验装置在运行过程中的反应温度和反应压力等数据可通过远程通信传到计算机上并进行存储和记录，同时计算机可对工艺参数进行集中控制，可在线记录任意时刻的历史数据和曲线。

一、催化裂化实验装置的工艺流程

氮气通过定压阀 PCV－103－1 定压，经计量泵 P－102－1 计量后的水与经计量泵 P－104－1 计量后的原油在预热器 R4－1 底部入口处充分混合，水蒸气在预热器内对原油进行汽提，通过预热炉预热，在反应器 R4－2 催化剂床层发生反应后经换热器 E40 冷却，通过分离器 V4－1 背压阀 PCV－105－1，在分离器 V4－1 进行气液分离。分离器 V4－1 分离出来的液体通过人工定期排放到受油器，分离器 V4－1 分离出来的汽提物通过背压阀来放空。催化裂化实验装置设有氮气汽提系统，汽提氮气通过转子流量计 FT－103－1 来控制流量，在受油器中可将溶解在油品中的硫化氢、氨等汽提出来。催化裂化实验装置的工艺流程如图 1－1 所示。

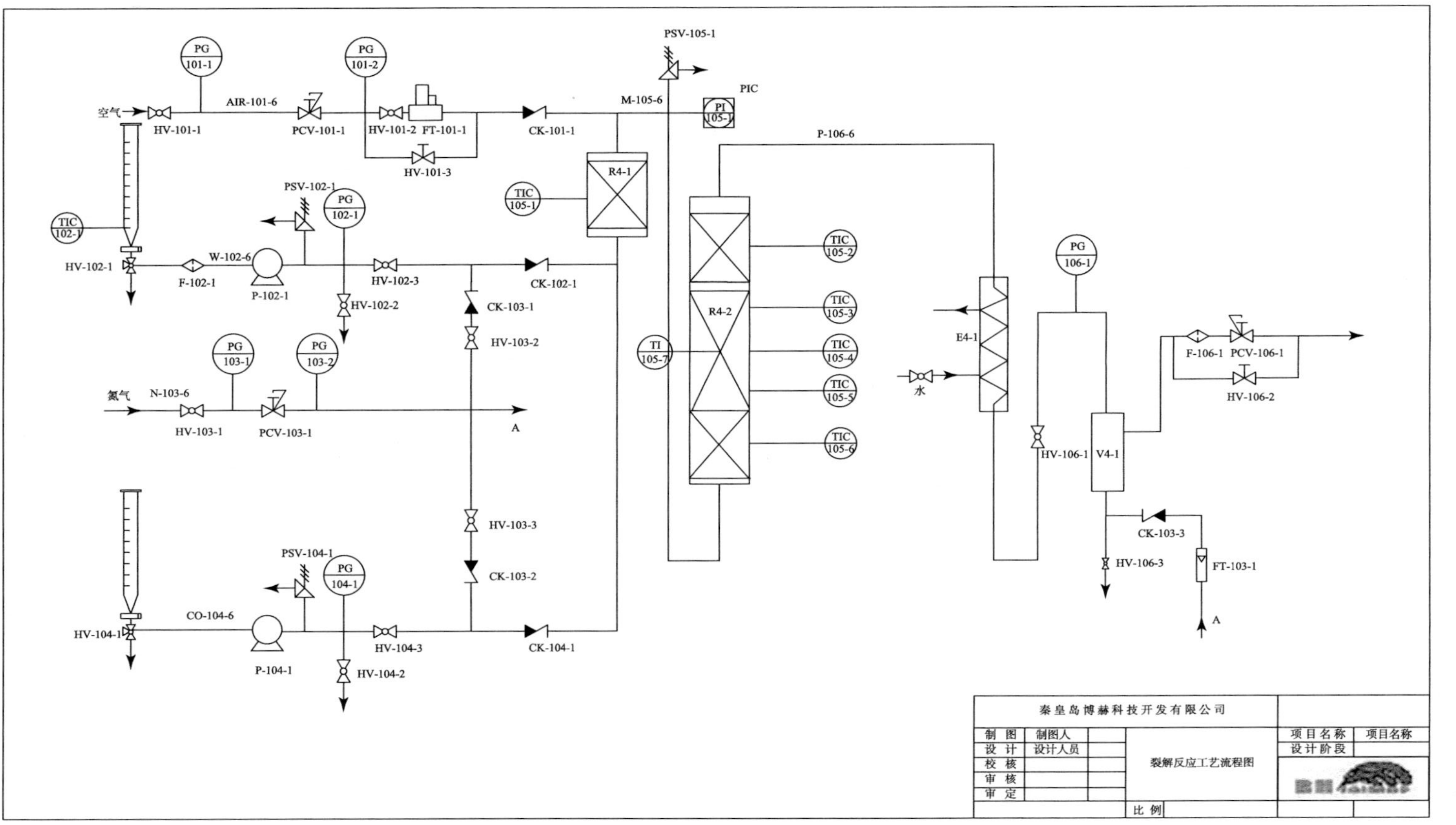

图1-1　催化裂化实验装置的工艺流程

二、催化裂化实验装置的工艺控制指标

1. 汽油质量的控制

1）汽油中辛烷值的控制

（1）反应时间对汽油中辛烷值的影响。适当缩短催化裂化的反应时间和接触时间可减少进行催化裂化时生成饱和烯烃的二次反应时间，如此可得到高质量的含烯烃的汽油，也使汽油中的辛烷含量得以增加。

（2）反应温度对汽油中辛烷值的影响。在进行催化裂化的反应温度一定时，转化率越大，汽油中的辛烷值就越高。在转化率一定时，汽油中的辛烷值随反应温度的升高而增加。因为随着反应温度的升高，氢转移速度和裂化速度的比值下降，汽油中的烯烃含量随温度的升高而增加。实验证明，反应温度每增加 10℃，ROH 增加 0.7 ~0.9。

（3）剂油比对汽油中的辛烷含量的影响。增加剂油比或减小空速，都增加了反应强度，而使裂化转化率增加；随着转化率的增加，ROH、MOH 直线上升，在转化率为 65% ~80% 时，转化率每上升 10%，ROH 可增加 0.6 ~2.0。

（4）再生剂含碳量对汽油中的辛烷含量的影响。在其他操作不变的情况下，将再生催化剂含碳量从 0.07% 增加到 0.5% 时，转化率下降，但汽油中的辛烷含量将增加。再生剂含量每增加 0.1%（重），汽油中的 ROH 约增加 0.5。

2）汽油干点的控制

汽油干点的控制主要以分馏塔顶的温度为控制指标。可通过调整顶循环、冷回流来改变塔顶温度，以达到控制汽油干点的目的。由于粗汽油干点比稳定汽油干点高，调整粗汽油干点不仅使控制更加及时，而且同样能达到控制稳定汽油干点的目的。因此在进行催化裂化实验时，应尽可能地控制粗汽油干点。本装置中汽油干点的控制温度为不大于 205℃。

3）汽油蒸汽压的控制

在汽油的馏程中规定，10% 馏出温度不高于某一数值，其目的是保证发动机的启动性能。若有 10% 的馏出温度过低，则其将导致供油系统中产生气阻现象，而此现象与汽油的饱和蒸汽压有密切关系，因此必须控制汽油的饱和蒸汽压。

本装置通过调节稳定塔压力、回流比、进料位置（稳定塔有三处进料口）以及塔底重沸器返塔温度来控制汽油蒸汽压，同时还需考虑液态烃携带^{5}C 的可能。本装置的汽油蒸汽压在夏季时应被控制为不大于 67kPa，在冬季时应被控制为 80kPa，稳定塔顶压力应被控制为 1.1MPa。

4）汽油中的硫化物含量的控制

在汽油中含有硫化氢、硫醇等活性硫化物，这些硫化物会腐蚀汽油铜片。若使用这种汽油，则会严重腐蚀机器和容器，所以必须进行碱洗。碱洗很容易除去汽油中的硫化氢，而硫醇通过碱洗后只能被除去一部分。碱洗还能除去汽油中的一部分环烷酸和酚类物质。

2. 轻柴油的质量控制

1）轻柴油的凝固点的控制

轻柴油的凝固点是由分馏塔第 18 塔层盘上的汽相温度来控制的，本装置的轻柴油的凝固点应控制在 -10℃以下。

2）轻柴油的闪点的控制

轻柴油的闪点通过轻柴油汽提塔的液位与汽提蒸汽量来调节，低液位和大蒸汽量对控制闪点有利，但液位若过低，则轻柴油汽提塔塔底易被抽空，若蒸汽量过大，则会增加汽提塔顶的负荷并造成液面波动，从而影响操作。本装置柴油的闪点的控制应不小于 85℃。

3）轻柴油的十六烷值的控制

本装置有两套生产方案：一套为不掺炼渣油；另一套为掺炼 10% 的渣油。随着进料中渣油量的增加，轻柴油质量将变差。其主要表现为胶质升高、油品安定性变差、颜色变深、十六烷值降低等几方面。

由于通过催化裂化生产的轻柴油含有较多的芳烃，且十六烷值较直馏柴油低得多，所以不能作为商品油出厂，需要与直馏柴油等调和后才能作为柴油发动机的燃料。

3. 液态烃质量的控制

1）液态烃中的^2C 含量的控制

（1）影响液态烃中的^2C 含量的因素有脱吸效果、液态烃在冷后的温度、脱吸塔的压力等。其中，若脱吸塔的压力高，则稳定塔在进料时就很容易带来^2C 组分。

（2）调节液态烃中的^2C 含量的方法：根据液态烃中^2C 含量的多少，来调节脱吸效果。

2）液态烃中^5C 含量的控制

（1）影响液态烃中^5C 含量的因素如下所述：

①若稳定塔（T-304）的顶温下降，稳定汽油的汽化少，则液态烃中的^5C 含量就低。

②若稳定塔（T-304）的顶压升高，液态烃中的^5C 组分被压到稳定汽油中，则液态烃中的^5C 含量就下降。

③当稳定塔的负荷小时，可适当提高塔底再沸器的出口温度。这样有利于汽液接触。

④若稳定塔的塔顶回流量增大，则液态烃中的^5C含量将下降。

⑤进料位置对液态烃中的^5C含量也有一定的影响。

（2）调节液态烃中^5C含量的主要方法如下所述：

①调节稳定塔塔顶重沸器的出口温度。

②调节稳定塔塔顶的压力。

3）液态烃中的H_2S含量及总硫量由脱硫效果决定

液态烃中的硫含量由脱硫塔的压力、温度，以及再生塔贫胺液含硫量、胺液循环量、富胺液脱气罐的脱气效果来控制。

4. 干气质量控制

1）干气中^3C以上组分的含量控制（$^3C \leqslant 3\%$）

（1）影响干气质量的因素如下：

①富气的流量、性质及温度。

②吸收剂的流量和温度。

③粗汽油的流量和温度。

④贫吸收油的流量。

⑤若脱吸气的流量大，则吸收塔负荷相应增大，且吸收效果也较差，因此不利于控制干气质量。

⑥若吸收塔、再吸收塔压力大，则有利于吸收^3C以上的组分。

⑦若吸收塔一、塔二中的回流量大，则温度下降，且有利于对碳原子的吸收。

其中，②、③和④项反映吸收能力的高低，由于汽液两相温差大，所以蒸汽气压相应较大，且推动力也大，这就有利于^3C的吸收。

（2）调节干气质量的方法如下：

①改变吸收剂量；

②改变贫吸收油量。

2）干气中的H_2S及总硫量控制由脱硫效果决定

干气中的含硫量主要由脱硫塔的压力、温度，再生塔的液面、温度、压力，胺液循环量，富液脱气罐的脱气效果等条件控制。

5. 催化裂化实验装置的技术指标及控制精度

催化裂化实验装置的技术指标及控制精度如下：

（1）催化剂装填量：100～300g；

（2）反应温度：<700℃，温控误差：±1℃；

（3）再生温度：600℃～750℃，温控误差：±1℃；

（4）原料油预热温度：200℃，温控误差：±1℃；

（5）剂油比：1.5～15；

（6）反应压力：常压；

（7）电加热炉：BY6000不锈钢开式炉；

（8）电源输入：AC 380V±10%，50Hz；

（9）配套教师用计算机1台：双核2.0G，内存2GDDR2，硬盘320G，光驱，鼠标，键盘。

任务二　催化裂化实验装置的冷态开车过程

催化裂化实验装置的冷态开车过程为：装入催化剂→气密→升温→进油→取样。分别叙述如下。

1. 在催化裂化实验装置中装入催化剂的操作步骤

（1）在操作前，必须将反应器筒、上下密封面、O形圈槽、热偶管、反应器上下螺纹、大帽螺纹擦洗干净，并选用2～3mm的惰性瓷球且筛选干净。

（2）先在O形圈槽内涂上适量的锂基酯，再将O形圈装入反应器下部托架的O形圈槽内，将托架装入反应器内，旋紧外部大帽。

（3）装好热偶管O形圈并将热偶管放入反应器内，首先装瓷球至反应器筒上边缘1 060mm处，然后装入催化剂；最后装瓷球至反应器筒上边缘150mm处，将O形圈装入和分配器连接的压盖O形圈槽内，将分配器及压盖从热偶管上部套入（注意，O形圈要紧密接触反应器筒面），装入大帽及热偶管压帽并旋紧。

注意，在装瓷球或催化剂时必须用铜棒轻轻敲实，将热偶找正，防止假高度。

（4）将各段尺寸记录下来，填好填装图、装填日期和装填人，并校好反应器内四根热电偶的高度。

2. 对催化裂化实验装置进行气密的操作步骤

（1）对该装置进行氮气吹扫。打开总氮阀HV－103－1，打开装置系统流程，由尾气系统（HV－106－1、HV－106－3、PCV－106－1、急放阀HV－106－2）吹扫3～5min（注意，无特殊情况一般不用吹扫），吹扫完毕后依次关闭总氮阀HV－103－1及一废阀HV－106－1、急放阀HV－106－2、尾气背压阀PCV－106－1。

（2）在高于操作压力1.0 MPa下对该装置进行气密（注意，在气密时所有阀门均处于关闭状态）。反应器必须用肥皂泡检测其是否渗漏。每小时压降符合规定即为合格。

注意，在气密过程中，如发现渗漏，必须将漏处压力降至0.1 MPa以下方可进行处理。如在旋紧的情况下还是有渗漏的话，则应将装置中的气体放空后再拆下接头或卡套进行维修或更换（压力<5.0 MPa，压差<0.1 MPa）。

3. 对催化裂化实验装置进行升温的操作步骤

（1）检查加热炉各段壁温热电偶和反应器内的管心热电偶是否插入并到位。

（2）打开该装置的系统流程，按条件要求定好该装置的进水压力、进油压力和尾气压力。

（3）打开该装置总电源及各电炉开关，启动仪表给电升温。

（4）进行催化剂的干燥、还原或预硫化。

确定系统压力步骤：将背压阀PCV-106-1关严，将入口压力定至最大值即出厂设计值；旋转泵的进料流量使压力高于操作压力0.3MPa，再逆时针旋转背压阀PCV-106-1直至反应器P5-1的压力为工艺条件值。

注意，在催化剂干燥、还原或预硫化、运转轻质油品时都必须冷却。

4. 对催化裂化实验装置进行进油的操作步骤

（1）按条件要求，在反应器的规定压力、温度和气量下进硫化油或原料油。

（2）开泵。在开泵前检查HV-102-1和HV-104-1阀门是否打开（开口方向向泵），关上进油阀HV-102-3和HV-104-3，打开置换阀HV-102-2和HV-104-2，开泵调节泵量，由小到大置换，直到油和水没有气泡为止，即可升压，关闭置换阀，使压力升到高于操作压力0.1～0.2MPa时打开进油阀和水阀，并按规定量进油和水（泵出口的安全阀须调节起跳的压力为1MPa）。

5. 对催化裂化实验装置中的汽油进行取样的操作步骤

（1）在进油后各项指标（反应温度、压力、进油量、新氢流量）达到要求，稳定4h（包括改变条件），放出非正定后开始正定。

（2）在取样过程中，应严格控制各项指标。各项指标允许波动范围见装置上的主要技术指标和性能，若有其中一项指标连续15min以上超过规定范围，则应重新正定。

（3）减样过程中需记录装置每小时的进油量、温度、压力和气量。

（4）按规定时间进行减样。其顺序：打开一废阀HV-106-2和静放阀HV-106-3，将V4-1内的油品慢慢放至受油器（注意，要特别慢，以免冲油或串油)，按操作要求决定是否进行汽提，然后打开采油样阀 HV46 将油放出。

（5）减完油后关好静放阀 HV45 和采油样阀 HV46，压力补好后关补压阀；打开中间阀 HV42、二废阀 HV44 和一废阀 HV41。如果在观察过程中二高分压力表的压力升高，则应更换补压阀。称好生成油重量，盖上瓶盖，贴好标签。注意，标签上须写明样品编号及放样日期。

（6）更换补压阀。其过程：打开一废阀 HV41；关闭二废阀 HV44 和中间阀 HV42；打开静放阀 HV45，将 V4 －2 内的油品慢慢放至受油器 V4 －3 内；关闭定压阀 PCV11，打开 HV15 后进行更换；更换后关闭静放阀 HV45 和更换后的补压阀；打开定压阀 PCV11 和补压阀 HV15，在 5min 内把二高分压力表中的压力补至操作压力时关闭补压阀 HV17；打开中间阀、二废阀；关闭一废阀。

任务三　催化裂化实验装置正常停工过程

（1）将各段电炉壁温设定至 150℃，待反应器内温度降至 150℃后放净原料罐内存储的汽油，加入煤油进行装置冲洗，冲洗完后关闭计量泵电源和进油阀，开置换阀并使泵处于常压状态，放净原料罐、高分压力表内存储的汽油。

（2）关闭该装置的总氢阀和新氢阀，关闭尾气背压阀，打开急放阀 HV43 或静放阀 HV45，放净装置内气体后关闭急放阀和静放阀。

（3）将所有温控仪表回零后，关掉该装置的总电源。

（4）拆出反应器并按要求决定是否保留催化剂，仔细清洗反应器筒体和上、下密封面。

（5）若有停工要求，可按条件进行。

任务四　催化裂化实验装置发生故障时的分析与处理

1. 装置漏油漏气

若该装置发生漏油漏气现象，则应禁止高压旋紧，必须停气、油和电，并降压。待温度在 150℃以下，压力在 0. 5MPa 以下方可进行处理。如果是二高分以后漏油漏气，则不必停工，可关闭中间阀，打开一废阀，关闭二废阀，将二高分内气体放空后进行处理。但在处理的过程中，一高分内生成油量不应超过容量的 2/3。

2. 系统发生压差

若该装置的系统发生压差，则要找准发生压差的部位，而后决定处理的方法（检查在反应器入口至油泵单向阀 CK－102－1 之间的管线以及后应器内是否堵塞，反应器出口所有管线及容器是否良好）。

3. 尾气管线串油

若该装置的尾气管线串油，则需打开一废阀，关闭二废阀和中间阀，把二高分油减出后并使二高分内压力为零再进行检测和维修。

4. 盘根漏，泵内有气

若该装置的盘根漏，泵内有气，则在修泵时，须维持反应温度低于正常反应温度 30℃～60℃，气量减半。

5. 突然停电

若突然停电，则应关闭进油阀，打开置换阀，维持操作压力。

6. 仪表发生故障

若该装置的仪表发生故障（不加热或超温、控制不准），则需停电并及时检测和维修。

7. 没电流不加热

若该装置没电流且不加热，则可能是由电路接触不良、仪表发生故障、开关和熔断器管坏、电炉丝和电热带断裂造成的；如仪表正常，开关良好，各对应的熔断器良好，则需请仪表工或电工进行检测和维修。

8. 在加热时，反应器温度不上升且装置无外漏

若在加热时，反应器温度不上升且装置无外漏，则应检查电炉各段温控表的设置温度和显示温度是否正常，若电炉各段加热正常，则应检查装置放油阀和急放阀是否内漏，并进行维修或更换。

9. 高压管线设备突然破裂冒烟

若该装置的高压管线设备突然破裂冒烟，则须停气、电、油，紧急放空；若着火，则需用干粉灭火器灭火。

10. 泵表超压

若该装置的泵表超压，安全阀起跳，则这可能是由泵出口管线或阀门和预热器入口堵塞造成的。

【项目测评】

一、判断题

1. 随着内燃机技术的发展，人们对轻质油品的质量要求不是那么高了。（　）

2. 随着国民经济的发展，轻质直馏油品无论在数量或质量方面都无法满足要求。（　）

3. 催化裂化轻质油品收率没有热裂化高。（　）

4. 催化裂化汽油辛烷值比直馏汽油高。（　）

5. 催化裂化柴油十六烷值比直馏柴油高。（　）

6. 催化裂化气体中^{3}C、^{4}C烃类含量多，热裂化气体中^{1}C、^{2}C烃类多。（　）

7. 石油馏分催化裂化反应是一个复杂的平行顺序反应。（　）

8. 催化裂化通常用无定形硅酸铝和分子筛作催化剂。（　）

9. 催化裂化以减压馏分油为原料。（　）

10. 石油馏分催化裂化反应过程是：脱附→反应→吸附。（　）

二、名词解释

1. 催化裂化　2. 催化碳　3. 剂油比　4. 二次燃烧　5. 固体流态化　6. 流化床　7. 聚式流态化　8. 沟流　9. 腾涌　10. 噎塞速度

三、思考题

1. 简述催化裂化在炼油工业中的地位。

2. 试写出催化裂化的主要原料和产品。

3. 简述催化裂化的化学反应的种类。

4. 为什么催化裂化气体中^{3}C、^{4}C含量多，而热裂化气体中^{1}C、^{2}C含量多？

5. 简述无定型硅酸铝催化剂及分子筛催化剂的活性来源。

6. 简述催化裂化汽油辛烷值高的原因。

7. 催化裂化装置由哪几系统组成？各个系统的作用是什么？

8. 催化裂化分馏塔为什么要有脱热段？

9. 在催化裂化催化剂中加入钝化剂的目的是什么？

10. 试写出催化裂化装置的主要设备（三机、双器、一炉、两罐）的名称及作用。

四、实操训练

1. 开车前的准备工作。

2. 反应器升温操作。

3. 检查气密操作。

4. 正常停车操作。

5. 对催化裂化实验装置反应器在加热时温度不上升的故障现象进行分析与处理。

项目二

催化加氢实验装置

[学习目标]

<table>
<tr><td colspan="2">总体技能目标</td><td>能够根据生产要求正确分析工艺条件；能对本工段设备的开车、停车、置换、正常运转、常见生产事故处理、日常维护保养和有关设备的试车及配合检修进行正确操作，并具备岗位操作的基本技能；能初步优化生产工艺过程</td></tr>
<tr><td rowspan="3">具体目标</td><td>能力目标</td><td>（1）能根据生产任务查阅相关书籍与文献资料；
（2）能对工艺参数进行正确的选择、分析，在操作过程中应具备工艺参数的调节能力；
（3）能对本工段所属设备进行正确的开车、置换、停车的操作；
（4）能对生产中的异常现象进行正确的分析、诊断，具有事故判断与处理的能力；
（5）能对有关设备的试车及配合进行正确的维护、检修；
（6）能正确操作与维护相关的机电和仪表</td></tr>
<tr><td>知识目标</td><td>（1）掌握催化加氢工艺的原理及工艺过程；
（2）掌握催化加氢工段主要设备的工作原理与结构组成；
（3）熟悉工艺参数对生产操作过程的影响，会对工艺条件进行正确的选择；
（4）熟悉催化加氢所用的催化剂的性能及使用工艺；
（5）掌握生产工艺流程图的组织原则和分析评价方法；
（6）了解岗位相关的机电、仪表的操作与维护知识</td></tr>
<tr><td>素质目标</td><td>（1）学生应具有自我学习、查阅资料、语言表达和团队合作的能力
（2）学生应具有化工生产规范操作意识、判断力和紧急应变的能力；
（3）学生应具有综合分析问题和解决问题的能力；
（4）学生应具有职业素养、安全生产意识、环境保护意识</td></tr>
</table>

任务一　催化加氢实验装置概述

催化加氢实验装置是一种通用型的加氢反应系统。其主要用于研究中压及高压状态下的加氢反应、对固体催化剂进行评价筛选、研究催化剂性能、考查催化剂寿命、进行催化动力学参数试验等方面。每套装置均配有一个液相和两个气相进料口，氮气用于对装置开停工进行吹扫和对装置进行气密。进料方式可改变，可进行气－固、液－固、气－液－固等催化反应。反应炉采用五段加热，分别控温，既能保证炉内等温段长度不小于催化剂床层高度，从而进行等温反应，也能产生一定的温度梯度，进行非等温反应。

催化加氢实验装置系统按工艺流程走向可分为四个系统：新氢系统、原料油系统、反应系统和分离系统。新氢流量采用质量流量计进行控制和计量；原料进油量通过人工观察计量管来读数，并通过手动来调节泵的柱塞行程进行控制。

催化加氢实验装置采用了先进的温度控制、新氢流量控制、压力控制和可靠的安全措施，当该装置系统的温度超过设定温度值时即可报警并自行断电；当泵出口压力超过设定压力时即可报警断电、安全阀起跳，从而对设备和装置系统起到了保护作用。

控制催化加氢实验装置可进行单一催化剂的试验，这一方面克服了由于该装置系统本身带来的误差，另一方面更能准确、快速地进行加氢催化剂的评价工作，为实验室制备的催化剂提供基础评价数据，从而更能有力地指导催化剂的工业生产和应用，减少由系统误差带来的不利因素，加快了科研进度，同时更能促进学生全面了解催化加氢实验装置的工艺流程和原理，通过在该装置上进行催化剂的研究和加氢评价后，可完全省去学生针对工业生产装置的实习过程。

一、催化加氢实验装置的工艺流程

氢气通过定压阀 PCV－101－1 定压、质量流量计 FT－101－1 计量，经计量泵 P－103－1 计量后的原料油与氢气在反应器 R41 底部入口处充分混合，通过电炉一段预热，在催化剂床层发生反应后经冷却器 HE41 冷却，通过背压阀 PCV－105－1 分离器 V41，在分离器 V41 进行气液分离。分离出来的气体经 HV－105－2 直接放空。分离器 V41 分离出来的液体通过人工定期排放到受油器。高压分离器 V41 在取样时进行油气分离，暂存液体。催化加氢实验装置设有氮气汽提系统，经过汽提后的氮气通过转子流量计 FT－102－1 控制流量，在受油器中可将溶解在油品中的硫化氢、氨等汽提出来。该装置的工艺流程如图 2－1 所示。

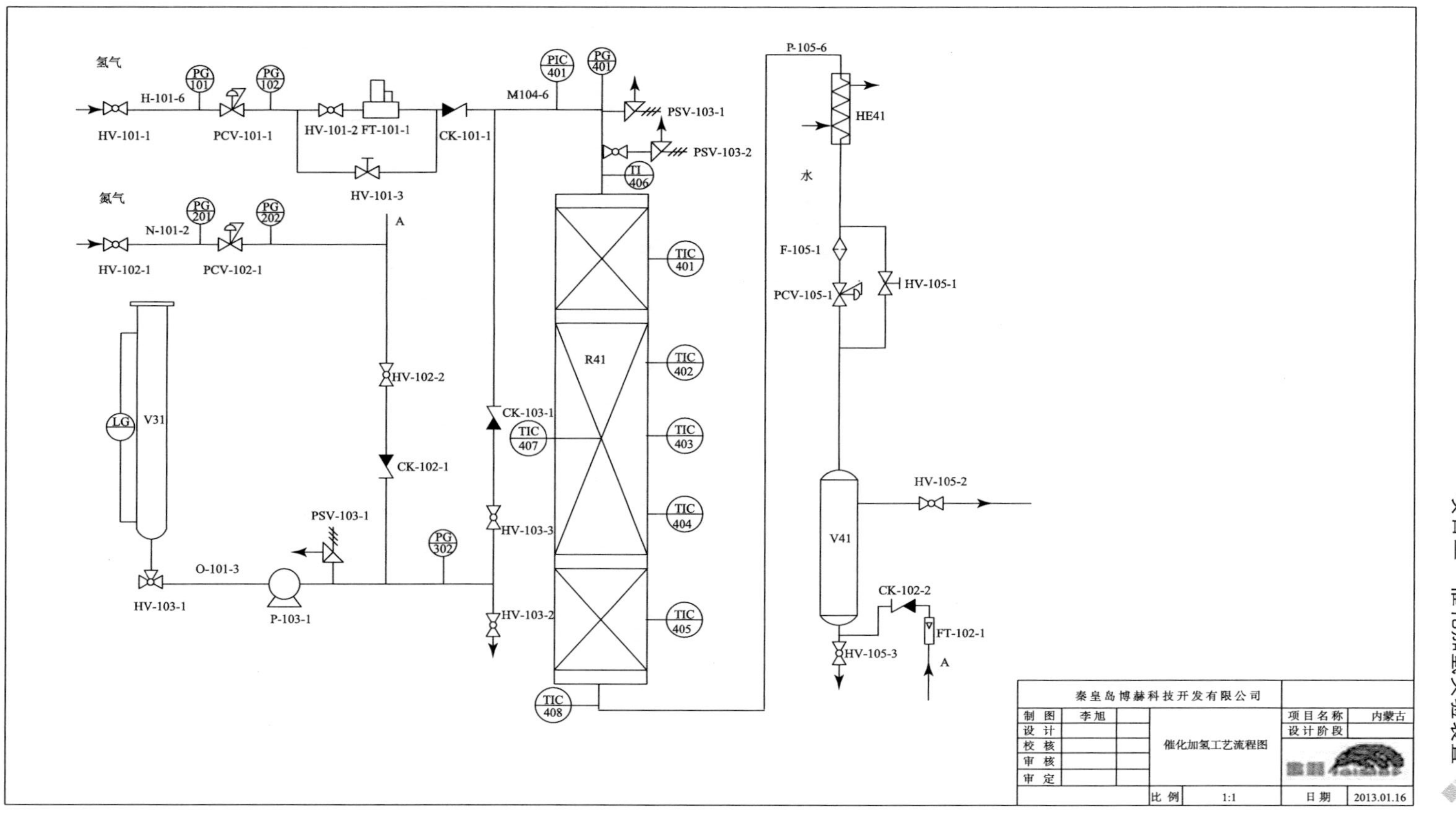

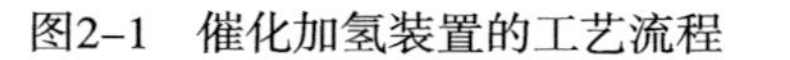
图2-1 催化加氢装置的工艺流程

二、催化加氢实验装置的工艺控制指标

催化加氢实验装置的工艺控制指标见表2-1。

表2-1 催化加氢实验装置的工艺控制指标

指标	控制参数	控制精度
操作压力	1.0~10MPa	±1% FS
反应温度	50℃~550℃	±1℃
催化剂装填量（催化剂+惰性填料）	—	最大100mL
氢气流量	5~300NL/h	±1%
进油量	40~200mL/h	±2%
电加热炉	开门式，五段等温电炉	—

任务二　催化加氢实验装置的冷态开工过程

催化加氢实验装置的冷态开工过程为：装入催化剂→气密→升温→进油→取样。分别叙述如下。

1. 在催化加氢实验装置中装入催化剂的操作步骤

（1）在操作前，必须将反应器筒、上下密封面、O形圈槽、热偶管、反应器上下螺纹、大帽螺纹擦洗干净，并选用2~3mm的惰性瓷球且筛选干净。

（2）先在O形圈槽内涂上适量的锂基酯，再将O形圈装入反应器下部托架的O形圈槽内，将托架装入反应器内，旋紧外部大帽。

（3）装好热偶管O形圈并将热偶管放入反应器内，首先装瓷球至反应器筒上边缘1 060mm处，并装入催化剂；然后装瓷球至反应器筒上边缘150mm处，将O形圈装入与分配器连接的压盖O形圈槽内；最后将分配器及压盖从热偶管上部套入（注意，O形圈要紧密接触反应器筒面，装入大帽及热偶管压帽并旋紧）。

注意，在装瓷球或催化剂时必须用铜棒轻敲实，将热偶找正，防止假高度。

（4）将各段尺寸记录下来，填好填装图、装填日期和装填人，并校好反应器内四根热电偶的高度。

2. 对催化加氢实验装置进行气密的操作步骤

（1）对催化加氢实验装置进行氮气吹扫。操作方法：打开总氮阀HV-

102－1，打开装置系统流程，由尾气系统吹扫3～5min（无特殊情况一般不用吹扫），吹扫完毕后依次关闭总氮阀 HV－102－1、一废阀 HV－105－1、急放阀 HV－105－3 和尾气背压阀 PCV－105－1。

（2）依次关闭氮气总阀 HV－102－1、新氢流量计入、出口阀 HV－101－2、HV－101－4，打开总氢阀 HV－101－1 和新氢流量计旁路阀 HV－101－3，将升压速度控制在1.0MPa/min，每升5.0MPa并观察5min，看是否有渗漏现象。如没有显著渗漏现象，则可再继续升压至高于操作压力1.0MPa。

（3）在高于操作压力1.0MPa下对全装置进行气密（气密时所有阀门均处于关闭状态），对该装置的反应器必须用肥皂泡检测其是否渗漏。每小时压降符合规定即为合格。

注意，在气密过程中，如发现该装置有渗漏现象，则必须将漏处压力降至0.5MPa以下方可进行处理；如旋紧还存在渗漏现象，则应将该装置的气体放空后拆下接头或卡套再进行更换。若压力小于5.0MPa，则压差应小于0.1MPa；若压力为5～10MPa，则压差应小于0.2MPa；若压力为10～20MPa，则压差应小于0.3MPa。

3. 对催化加氢实验装置进行升温的操作步骤

（1）检查加热炉各段壁温热电偶和反应器内的管心热电偶是否插入并到位。

（2）打开该装置的系统流程，按条件要求定好新氢压力和尾气压力，以及氢气流量，打开催化加氢实验装置的总电源及各电炉的开关，启动仪表给电升温，进行催化剂的干燥、还原或预硫化。

定系统压力的方法：将背压阀 PCV31 关严，将入口压力定至最大值，即出厂设计值，顺时针旋转新氢定压阀 PCV11 使 P12 压力高于操作压力0.3MPa，再逆时针旋转背压阀 PCV31 直至反应器压力 P31 为工艺条件值。

注意，在催化剂干燥、还原或预硫化、运转轻质油品时都必须冷却。

4. 催化加氢实验装置进油的操作步骤

（1）按条件要求，在反应器的规定压力、温度和气量下进硫化油或原料油。

（2）开泵。在开泵前检查 HV－103－1 阀门是否打开（开口方向向泵），依次关闭进油阀 HV－103－3，打开置换阀 HV－103－2，开泵调节泵量，由小到大进行置换，直到油没有气泡为止，然后升压，关闭置换阀。当压力升到高于操作压力1.0～2.0MPa时，打开进油阀 HV33 并按规定量进油（泵出口安全阀已调节至起跳压力10MPa）。

5. 对催化加氢实验装置的原料油进行取样的操作步骤

（1）在进油后，各项指标（反应温度、反应压力、进油量和新氢流量）须达到规定的操作要求，稳定4h（包括改变条件），放出非正定后开始正定。

（2）在取样过程中，应严格控制各项指标。各项指标的允许波动范围见装置上的主要技术指标和性能，若有其中一项指标连续15min以上超过范围，则应重新正定。

（3）在减样过程中需记录装置每小时的进油量、反应温度、反应压力和气量。

（4）按规定时间进行减样，其顺序：打开一废阀HV41，将一高分V41内的油品慢慢放至受油器（注意，要特别慢，以免冲油或串油），按操作要求决定是否需要汽提并打开开采油样阀HV46将油放出。

（5）在减完油后需关好静放阀HV－104－5和采油样阀HV46，观察5min，看二高分V42的压力PI401是否升压。如果其不升压，则可打开补压阀HV－101－5，并在5min内把二高分压力升至操作压力，压力补好后关闭补压阀，打开中间阀HV－104－2和一废阀HV－104－1。如果在观察过程中二高分压力表的压力比放样后的压力有所升高，则应更换补压阀。测好生成油的重量，盖上瓶盖，贴好标签，在标签上写明样品编号及放样日期。

（6）更换补压阀的过程：依次打开一废阀HV－104－1、关闭二废阀HV－104－4和中间阀HV－104－2，打开静放阀HV－104－5，将一高分V41内的油品慢慢放至受油器；关闭定压阀PCV－101－1，打开补压阀HV－101－5后对其进行更换。更换后关闭静放阀HV－104－5和更换后的补压阀，打开定压阀PCV－101－1和补压阀HV－101－5，在5min内把二高分压力表中的压力补至操作压力后，依次关闭补压阀HV－101－7，打开中间阀和二废阀，关闭一废阀。

任务三　催化加氢实验装置的正常停工过程

（1）将该装置的各段电炉壁温设定至150℃，待反应器内温度降至150℃后放净原料罐内的存油，加入煤油进行冲洗。在冲洗完后，依次断开计量泵电源，关闭进油阀，打开置换阀，使泵处于常压状态，放净原料罐和高分内的存油。

（2）关闭该装置的总氢阀、新氢阀和尾气背压阀，打开急放阀HV－104－3或静放阀HV－104－5，在放净装置内的气体后关闭急放阀和静放阀。

（3）将所有温控仪表回零后，断开装置总电源。

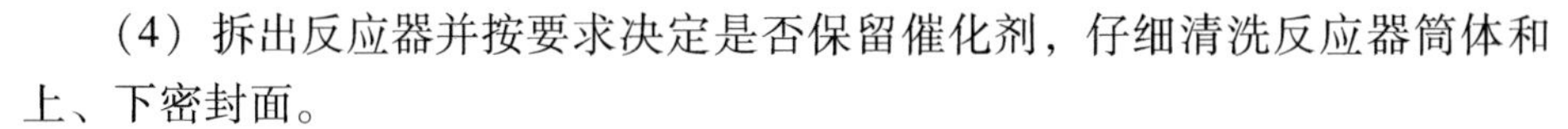

(4) 拆出反应器并按要求决定是否保留催化剂，仔细清洗反应器筒体和上、下密封面。

(5) 若有停工要求，则可按条件进行操作。

任务四 催化加氢实验装置发生故障的分析与处理

1. 该装置漏油漏气

若该装置有漏油漏气现象，则应禁止高压旋紧，必须停气、油、电和降压，待温度在150℃以下，压力在0.5MPa以下时方可进行处理。如果是二高分以后漏油漏气，则不必停工，可关闭中间阀，打开一废阀，关闭二废阀，将二高分内气体放空后进行处理。但在处理过程中，一高分内生成的油量不能超过容量的2/3。

2. 系统发生压差

若该装置的系统发生压差现象，则要找准发生压差的部位，而后决定处理方法（检查在反应器入口至氢气单向阀CK－101－1或CK－103－1之间的管线以及反应器内是否堵塞，反应器出口所有管线及容器是否良好）。

3. 尾气管线串油

若该装置的尾气管线发生串油现象，则需打开一废阀、关闭二废阀和中间阀，把二高分油减出后并使二高分内的压力为零时再进行处理。

4. 泵表不起压

若该装置发生泵表不起压现象，则表示盘根漏，泵内有气。在修泵时需维持反应温度始终低于正常反应温度30℃～60℃，气量减半。

5. 突然停电

若发生突然停电现象，则关闭进油阀，打开置换阀，维持操作压力。

6. 仪表发生故障

若该装置的仪表发生故障（不加热或超温、控制不准），则需停电并及时检测和维修。

7. 没电流且不加热

若该装置没电流且不加热，则可能是由电路接触不良，仪表发生故障，开关、熔断器管损坏，电炉丝和电热带断裂造成的。如仪表正常，开关和各对应的熔断器良好，则需请仪表工或电工进行检测、维修。

8. 在加热时，反应器温度不上升且装置无外漏

若在加热时，反应器温度不上升且装置无外漏，则应检查电炉各段温控

表的设置温度和显示温度是否正常。若电炉各段加热正常，则应检查该装置的放油阀和急放阀是否内漏，若有内漏，则应进行维修或更换。

9. 高压管线设备突然破裂冒烟

若该装置的高压管线设备突然破裂冒烟，则需停气、电、油，紧急放空；若着火，则需用干粉灭火器灭火。

10. 泵表超压

若该装置的泵表超压，安全阀起跳，则可能是由于泵出口管线或阀门堵塞和反应器堵塞。

【项目测评】

一、判断题

1. 通过化学反应改变重质原料油的碳氢比，是生产轻质油品的基本原理。（　　）
2. 反应压力对加氢裂化的影响主要表现为氢分压和氢油比的影响。（　　）
3. 加氢裂化催化剂载体是无定形硅酸铝和分子筛，本身没有催化活性。（　　）
4. 加氢裂化液体收率（体积）可以大于100%。（　　）
5. 加氢裂化催化剂是一种具有酸性中心和加氢脱氢中心的双功能催化剂。（　　）
6. 加氢裂化反应在两种活性中进行。（　　）
7. 加氢裂化产品中异构物特别多，这是由加氢裂化反应机理决定的。（　　）
8. 反应压力高对保护加氢裂化催化剂有利。（　　）
9. 加氢裂化反应综合起来是吸热反应。（　　）
10. 加氢裂化反应主要有裂化、加氢、异构化、加氢分解和叠合等反应。（　　）

二、名词解释

1. 加氢裂化　2. 氢油比　3. 化学耗氢　4. 氢腐蚀　5. 全循环操作　6. 双功能催化剂

三、思考题

1. 简述加氢裂化产品的特点。
2. 加氢裂化的主要反应有哪些？

3. 影响加氢裂化过程的主要操作因素有哪些？

4. 加氢裂化中的循环氢有什么作用？

5. 简述加氢裂化装置的腐蚀原因与防腐蚀措施。

6. 在加氢裂化装置中，有哪些设备是属于高压的？

7. 在加氢裂化工艺流程中，高压分离器与低压分离器各起什么作用？

8. 采用二段加氢裂化有什么特点与优点？

9. 简述加氢裂化一段、二段、串联流程的优缺点。

10. 加氢裂化催化剂为什么要预硫化？原料油中含适量的硫会污染催化剂吗？为什么？

四、实操训练

1. 开车前的准备工作。

2. 正常开车后取样 3 次。

3. 检查气密操作。

4. 正常停车操作。

5. 对催化加氢实验装置的泵表不起压故障现象进行分析与处理。

项目三

催化重整实验装置

［学习目标］

<table>
<tr><td colspan="2">总体技能目标</td><td>能够根据生产要求正确分析工艺条件；能对本工段设备的开车、停车、置换、正常运转、常见生产事故处理、日常维护保养和有关设备的试车及配合检修进行正确的操作，具备岗位操作的基本技能；能优化生产过程</td></tr>
<tr><td rowspan="3">具体目标</td><td>能力目标</td><td>（1）能正确选择、分析工艺参数，在操作过程中具备工艺参数的调节能力；
（2）能对本工段所属设备进行正确的开车、置换、正常运转、停车等操作；
（3）能对生产中异常现象进行正确的分析、诊断，具有事故判断与处理的能力；
（4）能对有关设备的试车及配合进行正确的维护、检修；
（5）能正确操作与维护相关的机电、仪表</td></tr>
<tr><td>知识目标</td><td>（1）掌握催化重整工艺的原理及工艺过程、主要设备；
（2）熟悉工艺参数对生产操作过程的影响，会对工艺条件进行正确的选择；
（3）熟悉催化重整所用催化剂的性能及使用工艺；
（4）掌握生产工艺流程图的组织原则和分析评价方法；
（5）了解与岗位相关的机电、仪表的操作与维护知识</td></tr>
<tr><td>素质目标</td><td>（1）学生应具有自我学习、查阅资料、语言表达和团队合作的能力；
（2）学生应具有化工生产规范操作意识、判断力和紧急应变的能力；
（3）学生应具有综合分析问题和解决问题的能力；
（4）学生应具有职业素养、安全生产意识、环境保护意识及经济意识</td></tr>
</table>

任务一　催化重整实验装置概述

催化重整实验装置包括催化重整装置仿真系统——三维虚拟工厂、催化重整装置仿真系统、集散控制催化重整实训装置三部分。这三个部分能够有机地结合为一个整体来完成整个教学系统的主要功能，从外观和数据上逼真地反映出实际生产现场各种设备的外观及生产流程，允许培训人员进行现场操作，以便能够根据教学模型所产生的新的生产过程状态数据，及时地反映操作后的现场情况。催化重整装置仿真系统——三维虚拟工厂——是根据生产现场设计的工厂模型，学员可通过操作鼠标和键盘行走于虚拟工厂中，充分了解现场设备的布局和工艺流程。集散控制催化重整实训装置是一种通用型的重整反应系统，用于研究实验状态下的重整反应、对固体催化剂进行评价筛选、研究催化剂性能、考查催化剂寿命以及进行催化动力学参数试验。

催化重整实验装置配有两个液相和两个气相进料口，可改变进料方式，在模拟的工业条件下进行催化重整反应。它有三个反应炉，各炉依据重整反应特点，分别采用三、四和五段加热，分别控温，满足重整炉内温度的要求。

该装置按工艺流程走向顺序分可分为四个系统：新氢与氮气系统、原料油系统、反应系统和分离系统。分时操作可完成重整原料油的预处理（预加氢、预分馏、脱水）等过程。新氢流量采用质量流量计进行控制和计量，原料进油量通过调节泵的柱塞行程进行控制；分离系统设有独立操作单元，分别完成重整反应产品分离和原料预处理分离。本装置采用了先进的温度控制、新氢流量控制、压力控制和可靠的安全措施，当装置系统的温度超过设定温度值时即可报警并自行断电，当泵出口压力超过设定压力时，安全阀会起跳，从而保证了设备和装置系统的安全。装置运行过程中的反应温度、反应压力等数据可通过远程通信传到计算机上进行存储和记录，同时计算机可实现对工艺参数的集中控制，可在线记录任意时刻的历史数据和曲线。

一、催化重整实验装置的工艺流程

氢气通过定压阀 PCV－1001－1 定压、质量流量计 FT－1001－1 计量，原料油经计量泵 P－1003－1 计量后与氢气在预热器 R－41 底部入口处充分混合，通过预热炉一段预热，其混合液分别与第一反应器 R－51 和第二反应器 R－61 的催化剂床层发生反应后，再经第三反应器 R－71 的催化剂床层发生反应，最后经冷却器 HE41 冷却，通过分离器 V－81，在分离器 V－81 进行气液分离。分离出来的气体经背压阀 PCV－1008－1 直接放空。分离器 V－81 分离出来的液体通过人工定期排放到受油器 V－82。分离器 V－81 用于分离油气，暂存液体。催化重整实验装置的工艺流程如图 3－1 所示。

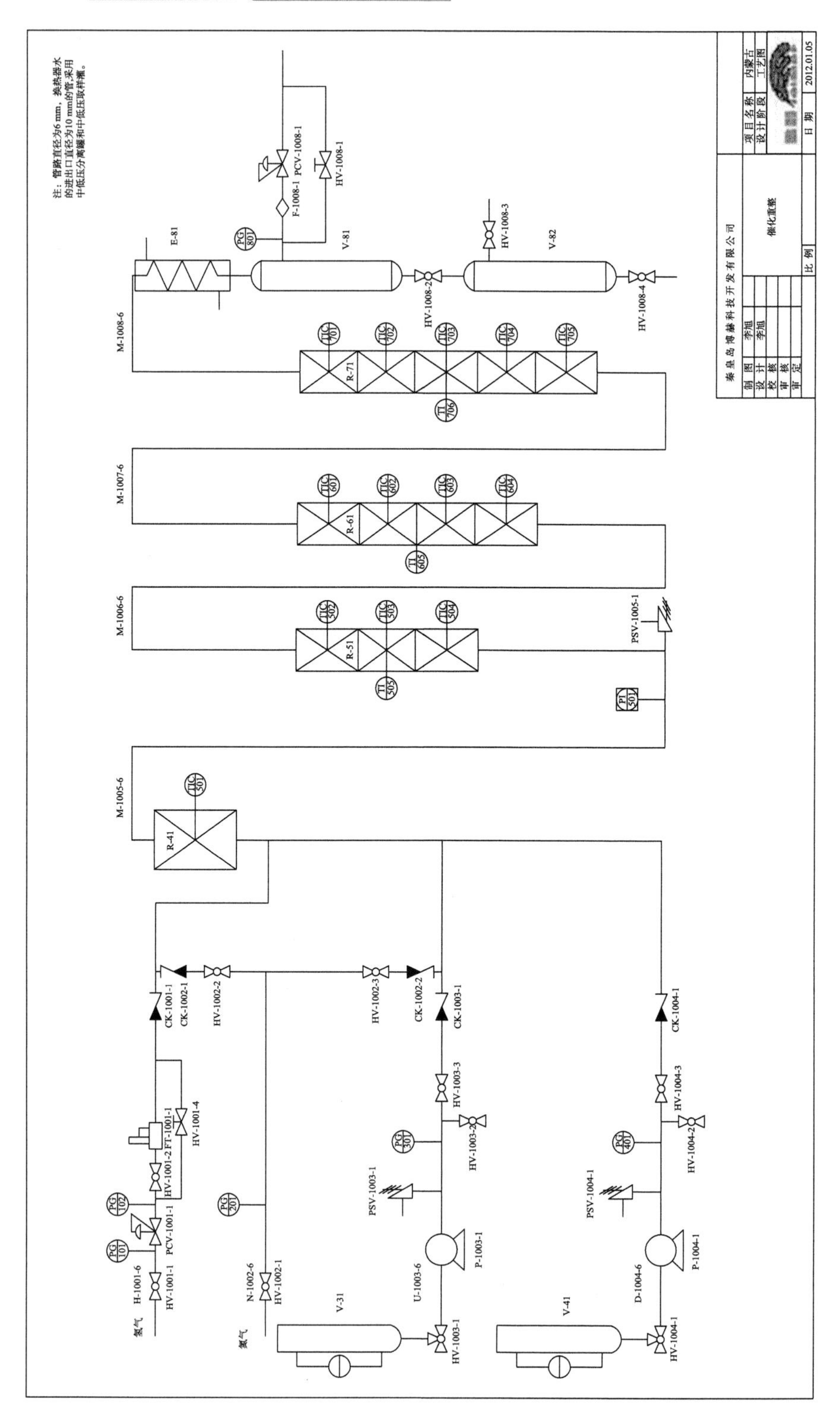

图3-1 催化重整实验装置的工艺流程

二、催化重整实验装置的工艺控制指标

（1）操作压力：1.0～2MPa，控制精度为±1%FS；

（2）反应温度：<700℃，控制精度为±1℃；

（3）催化剂装填量（催化剂+惰性填料）：最大为100mL；

（4）氢气流量：0～6mL/min，控制精度为±1%；

（5）进油量：1～6L/h，控制精度为±2%；

（6）预热器：一段加热电炉；

（7）第一反应器电加热炉：开门式，三段等温电炉；

（8）第二反应器电加热炉：开门式，四段等温电炉；

（9）第三反应器电加热炉：开门式，五段等温电炉。

任务二　催化重整实验装置的冷态开车过程

催化重整实验装置的冷态开车过程为：装入催化剂→气密→升温→进油→取样。现分述如下。

1. 在催化重整实验装置中装入催化剂的操作步骤

（1）在操作前，必须将反应器筒、上下密封面、O形圈槽、热偶管、反应器上下螺纹、大帽螺纹擦洗干净，并选用2～3mm的惰性瓷球且筛选干净。

（2）先在O形圈槽内涂上适量的锂基酯，再将O形圈装入反应器下部托架的O形圈槽内。

（3）装好热偶管O形圈并放入反应器内，装入催化剂，将O形圈装入与分配器相连接的压盖O形圈槽内，然后将分配器及压盖从热偶管上部套入（注意，O形圈要紧密接触反应器筒面，装入大帽及热偶管压帽并旋紧）。

注意，在装瓷球或催化剂时必须用铜棒轻敲实，将热偶找正，防止假高度。

（4）将各段尺寸记录下来，填好填装图、装填日期和装填人，并校好反应器内的热电偶的高度。

2. 对催化重整实验装置进行气密的操作步骤

（1）对催化重整实验装置进行氮气吹扫的操作方法：打开总氮阀HV-1002-1和该装置的系统流程，由尾气系统吹扫3～5min（无特殊情况一般不用吹扫），吹扫完毕后依次关闭总氮阀HV-1002-1、一废阀HV-1008-4、急放阀HV-1008-3和尾气背压阀PCV-1008-1。

（2）关闭氮气总阀HV-1002-1、新氢流量计入出口阀HV-1001-2和

HV－1001－4，打开总氢阀 HV－1001－1 和新氢流量计旁路阀 HV－1001－3，将升压速度控制在 0.1MPa/min，0.5MPa/L，并观察 5min，如没有显著渗漏现象，再继续升压至高于操作压力 0.5MPa。

（3）在高于操作压力 0.5MPa 下气密全装置（气密时所有阀门均处于关闭状态），反应器上下必须用肥皂泡检测其是否渗漏，每小时压降符合规定即为合格。

注意，在气密过程中，如发现渗漏，必须将漏处压力降至 0.5MPa 以下方可进行处理；如旋紧还是渗漏的话，则应将装置气体放空后拆下接头或卡套进行维修或更换。

3. 对催化重整实验装置进行升温的操作步骤

（1）检查加热炉各段壁温热电偶和反应器内管心热电偶是否插入并到位。

（2）打开系统流程，按条件要求定好新氢压力、尾气压力以及氢气流量，打开装置总电源及各电炉开关，启动仪表给电升温，进行催化剂的干燥、还原或预硫化。

确定系统压力的步骤：将背压阀 PCV1008－1 关严，将入口压力定至最大值即出厂设计值，顺时针旋转新氢定压阀 PCV1001－1，使 P102 压力高于操作压力 0.3MPa，再逆时针旋转背压阀 PCV1008－1 直至反应器 P501 压力为工艺条件值。

注意，在催化剂干燥、还原或预硫化、运转轻质油品时都必须冷却。

4. 催化重整实验装置进油的操作步骤

（1）按条件要求，在反应器的规定压力、温度和气量下进硫化油或原料油。

（2）在开泵前检查 HV－1003－1 阀门是否打开（开口方向向泵），关闭进油阀 HV－1003－3，打开置换阀 HV－1003－2，开泵调节泵量，由小到大置换，见油没有气泡为止，即可升压；关闭置换阀，当压力升到高于操作压力 0.2～0.4MPa 时，打开进油阀 HV33 并按规定量进油（泵出口安全阀已调节至起跳压力 2.2MPa）。

5. 对催化重整装置的原料油进行取样的操作步骤

（1）在进油后，各项指标（反应温度、反应压力、进油量和新氢流量）需达到要求，稳定 4h（包括改变条件），放出非正定后开始正定。

（2）在取样过程中，严格控制各项指标，各项指标允许的波动范围见装置主要技术指标和性能。若有其中一项指标连续 15min 以上超过范围，则应重新正定。

（3）在减样过程中记录装置每小时进油量、温度、压力和气量。

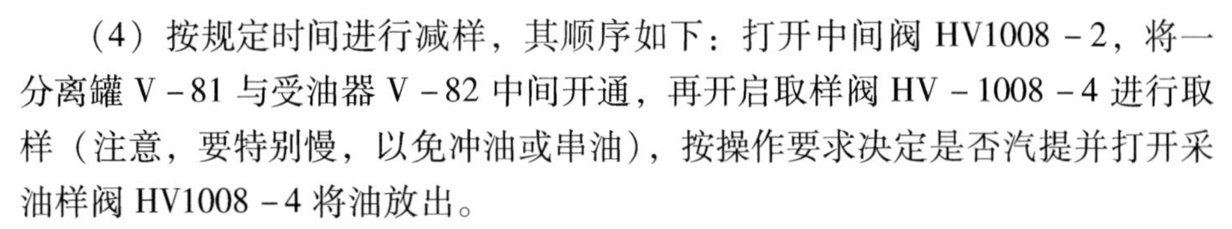

（4）按规定时间进行减样，其顺序如下：打开中间阀 HV1008－2，将一分离罐 V－81 与受油器 V－82 中间开通，再开启取样阀 HV－1008－4 进行取样（注意，要特别慢，以免冲油或串油），按操作要求决定是否汽提并打开采油样阀 HV1008－4 将油放出。

在取完油后应关闭取样阀 HV－1008－4 和中间阀 HV1008－2。测好生成油重量，盖上瓶盖，贴好标签，在标签上写明样品编号及放样日期。

任务三　催化重整实验装置的正常停工过程

（1）将该装置中的各段电炉壁温设定至 150℃，待反应器内温度降至 150℃后放净原料罐内的存油，加入煤油进行装置冲洗，冲洗完后关闭计量泵电源、进油阀，打开置换阀并使泵处于常压状态，放净原料罐、高分内存油。

（2）关闭该装置的总氢阀和新氢阀以及尾气背压阀，打开急放阀 HV－1008－3 或取样阀 HV－1008－4，在放净装置内气体后关闭急放阀和取样阀。将所有温控仪表回零后，关掉该装置的总电源。

（3）拆出反应器并按要求决定是否保留催化剂，仔细清洗反应器筒体和上、下密封面。

（4）若有停工要求，可按条件进行。

任务四　事故分析与处理

1. 装置漏油漏气

若装置漏油漏气，则应禁止高压旋紧，必须停气、油、电和降压。待温度在 150℃以下，压力在 0.5MPa 以下方可进行处理，如果是二高分以后漏油漏气，则不必停工，关闭中间阀，打开一废阀，关闭二废阀并将二高分内气体放空后进行处理。但在处理过程中，一高分内的生成油量不应超过容量的 2/3。

2. 系统发生压差

若该装置的系统发生压差，则要找准发生压差的部位，而后决定处理方法（检查反应器入口至氢气单向阀 CK－1001－1 或 CK－1003－1 之间管线以及反应器内是否堵塞，反应器出口的所有管线及容器是否良好）。

3. 尾气管线串油

若尾气管线串油，则需依次打开一废阀，关闭二废阀和中间阀，把取样罐减出后并使取样罐内压力为零时再进行处理。

4. 泵表不起压

若该装置的泵表不起压，则表示盘根漏，泵内有气。在修泵时需维持反应温度低于正常反应温度30℃ ~60℃，气量减半。

5. 突然停电

若突然停电，则应关闭进油阀，打开置换阀，维持操作压力。

6. 仪表发生故障

若该装置的仪表发生故障（不加热或超温、控制不准），则需停电并及时检测和维修。

7. 没电流、不加热

若没电流、不加热，则可能是由电路接触不良、仪表发生故障、开关和熔断器管坏、电炉丝断裂、电热带断裂造成的；如仪表正常，开关和各对应的熔断器良好，则需请仪表工或电工进行检测和维修。

8. 在加热时，反应器温度不上升且装置无外漏

若在加热时，反应器温度不上升且装置无外漏，则需检查电炉各段温控表的设置温度和显示温度是否正常，若电炉各段加热正常，则应检查装置放油阀和急放阀是否内漏并进行维修或更换。

9. 高压管线设备突然破裂冒烟

若高压管线设备突然破裂冒烟，则应停气、电、油，紧急放空；若着火，则用干粉灭火器灭火。

10. 泵表超压

若泵表超压，安全阀起跳，则可能是由泵出口管线或阀门或反应器堵塞造成的。

【项目测评】

一、选择题

1. 预加氢催化剂预硫化的目的是（　　）。

   A. 抑制催化剂初期过高的活性　　B. 促使催化剂具有更高的活性

   C. 抑制催化剂的积炭速度　　D. 使催化剂的双功能分配更好

2. 加热炉停进料降温期间，炉膛温度低于（　　），熄灭所有火嘴。

   A. 250℃　　B. 200℃　　C. 300℃　　D. 350℃

3. 为解决催化重整实验装置的氯腐蚀问题，串联在预加氢反应器后的脱

氯工艺属于（　　）。

A. 低温水洗脱氯　　B. 低温吸附脱氯

C. 高温吸附脱氯　　D. 高温水洗脱氯

4. 下列选项中会造成加热炉炉管结焦的是加热炉（　　）。

A. 进料突然中断　　B. 进料量大

C. 进料温度高　　D. 出口温度高

5. 关于重整反应加热炉炉管破裂时的处理，下列操作错误的是（　　）。

A. 全关加热炉烟道挡板

B. 加热炉炉管通入氮气置换

C. 重整反应系统紧急泄压

D. 重整反应系统立即切断进料

6. 预加氢催化剂正常装填时应具备的条件是（　　）。

A. 预加氢反应系统干燥已完成

B. 预加氢催化剂硫化结束

C. 预加氢反应器内划线工作已完成

D. 预加氢催化剂和瓷球已按要求运到现场

7. 加热炉进料突然中断后，如处理不及时，会造成的危害有（　　）。

A. 加热炉炉管结焦引起堵塞　　B. 加热炉炉管破裂

C. 炉膛负压过大　　D. 氧含量偏高

8. 重整催化剂再生补氯的目的是（　　）。

A. 补充催化剂上流失的氯　　B. 促使铂晶粒重新分散

C. 防止催化剂上的铂金属破损　　D. 使催化剂重新变成还原态

9. 关于重整催化剂硫中毒的现象，下列叙述正确的是（　　）。

A. 重整反应总温降下降　　B. 循环氢中硫化氢含量增大

C. 汽油芳烃含量增多　　D. 汽油稳定塔顶气体下降

10. 重整进料泵停运时，为保护重整催化剂，应采取的措施有（　　）。

A. 加大氢气外排量　　B. 重整反应系统保压严禁外排

C. 重整循环机立即停运　　D. 重整循环机全量运行

二、名词解释

1. 重整　2. 催化重整　3. 芳烃潜含量　4. 重整转化率（芳烃转化率）

三、判断题

1. 催化重整以重质油品为原料。（　　）

2. 催化重整主要生产芳烃和高辛烷值汽油。（　　）

3. 在重整过程中引入大量的氢气会促进加氢裂化反应的进行。（　　）

4. 催化重整以轻质油品为原料。 (　　)

5. 在催化重整过程中注入大量的氢气对芳构化反应有利。 (　　)

6. 在催化重整过程中注入大量的氢气是为了抑制焦炭的生成。 (　　)

7. 催化重整催化剂是双功能催化剂。 (　　)

8. 催化重整化学反应综合起来是吸热反应。 (　　)

9. 在重整条件下，芳构化反应的难易顺序为：六员环烷烃 > 五员环烷烃 > 烷烃。 (　　)

10. 催化重整催化剂的酸性中心由氧化铝提供。 (　　)

四、简答题

1. 以生产轻质芳烃为目的的催化重整实验装置由哪几部分构成？各部分的作用是什么？

2. 催化重整的主要反应有哪些？它们有何特点？这些反应对生产高辛烷值汽油和芳烃有何影响？

3. 重整催化剂为什么要有双重功能性质？其由什么组分来保证实现？

4. 金属组分、卤素含量和担体对重整催化剂有什么影响？这三种组分又有什么作用？

5. 哪些元素可使铂重整催化剂中毒？为什么会中毒（说明 4 ~ 5 种元素)？

6. 为什么要对原料进行预处理？其包括哪些内容？

7. 简述三个重整反应器中各进行的主要反应及其特点。为何有这些特点？

8. 在催化重整过程中，为什么要采用多个反应器串联操作？

9. 简述芳烃抽提原理。

10. 重整催化剂为什么要预硫化？其与加氢裂化催化剂预硫化的目的有何不同？

五、实操题

1. 实际训练学生开车前的准备工作。

2. 实际训练学生装填催化剂的操作。

3. 实际训练学生检查气密的操作。

4. 实际训练学生正常停车的操作。

5. 实际训练学生对装置发生漏油漏气现象的分析与处理。

模块二　石油化工仿真实训

项目四

原油常减压工艺仿真[1]

[学习目标]

<table>
<tr><td colspan="2">总体技能目标</td><td>能够根据生产要求正确分析工艺条件；能对本工段的开停工、生产事故处理等仿真进行正确操作，具备岗位操作的基本技能；能初步优化生产工艺过程</td></tr>
<tr><td rowspan="3">具体目标</td><td>能力目标</td><td>（1）能根据生产任务查阅相关书籍与文献资料；
（2）能正确选择工艺参数，在具体操作过程中具备工艺参数的调节能力；
（3）能对本工段进行正确的开车、停车、事故处理仿真的操作；
（4）能对生产中异常现象进行正确的分析、诊断，具有事故判断与处理的技能</td></tr>
<tr><td>知识目标</td><td>（1）掌握原油常减压工艺的原理及工艺过程；
（2）掌握原油常减压工艺主要设备的工作原理与结构组成；
（3）熟悉工艺参数对生产操作过程的影响，能正确地选择工艺条件</td></tr>
<tr><td>素质目标</td><td>（1）学生应具有化工生产规范操作意识、判断力和紧急应变能力；
（2）学生应具有综合分析问题和解决问题的能力；
（3）学生应具有职业素养、安全生产意识、环境保护意识及经济意识</td></tr>
</table>

任务一　原油常减压工艺仿真装置概述

本装置为石油常减压蒸馏装置，原油经原油泵被抽送到换热器，换热至110℃左右，加入一定量的破乳剂和洗涤水，二者充分混合后进入一级电脱盐罐。同时，在高压电场的作用下，进行油水分离。脱水后的原油从一级电脱盐罐顶部集合管流出，再注入破乳剂和洗涤水，充分混合后进入二级电脱盐罐。同样在高压电场的作用下，进一步进行油水分离的操作，达到原油电脱盐的目的。然后再经过换热器加热到200℃左右，进入蒸发塔，在蒸发塔拨出一部分轻组分。

① 东方仿真在线仿真系统网址：www. simnet. net. cn。

再用泵将拨头油抽送到换热器并继续加热到280℃以上，经常压炉升温到356℃后进入常压塔。在常压塔拨出重柴油以前的组分，经高沸点重组分再用泵抽送到减压炉并升温到386℃后进入减压塔，拨出减压塔中的润滑油料，塔底的重油经泵抽送到换热器冷却后被泵抽出装置。

一、原油常减压工艺流程

1. 原油系统换热

罐区的原油（65℃）由原油泵（P101/1，2）抽入装置后，先与闪蒸塔顶汽油和常压塔顶汽油（H－101/1－4）换热至80℃左右，然后分两路进行换热：一路原油与减一线（H－102/1，2）、减三线（H－103/1，2）、减一中（H－105/1，2）换热至140℃（TIC1101）左右；另一路原油与减二线（H－106/1，2）、常一线（H－107）、常二线（H－108/1，2）、常三线（H－109/1，2）换热至140℃（TI1101）左右，然后两路汇合后进入电脱盐罐（R－101/1，2）进行脱盐脱水。

脱盐后的原油（130℃左右）从电脱盐出来分两路进行换热：一路原油依次与减三线（H－103/3，4）、减渣油（H－104/3－7）、减三线（H－103/5，6）换热至235℃（TI1134）左右；另一路原油依次与常一中（H－111/1－3）、常二线（H－108/3）、常三线（H－109/3）、减二线（H－106/5，6）、常二中（H－112/2，3）、常三线（H－109/4）换热至235℃（TIC1103）左右。两路汇合后进入闪蒸塔（T－101），也可直接进入常压炉。

闪蒸塔顶油汽以180℃（TI1131）左右进入常压塔顶部塔或直接进入汽油换热器（H－101/1－4）和空冷器（L－101/1－3）。

拨头原油经拨头原油泵（P102/1，2）抽出与减四线（H－113/1）换热后分两路进行换热：一路拨头原油依次与减二中（H－110/2－4）、减四线（H－113/2）换热至281℃（TIC1102）左右；另一路拨头原油与减渣油（H－104/8－11）换热至281℃（TI1132）左右。两路汇合后与减渣油（H－104/12－14）换热至306.8℃（TI1106）左右，再分两路进入常压炉对流室加热，然后再进入常压炉辐射室加热至要求温度入常压塔（T－102）进料段进行分馏。

2. 常压塔

常压塔顶油先与原油（H－101/1－4）换热后进入空冷（L－101/1，2），再入后冷器（L－101/3）冷却，然后进入汽油回流罐（R－102）进行脱水，切出的水被排入下水道。一部分汽油经过汽油泵（P103/1，2）打顶回流，另一部分则外放。不凝汽则由R－102引至常压瓦斯罐（R－103），冷凝下来的汽油由 R－103 底部返回 R－102，瓦斯由 R－103 顶部引至常压炉作自产瓦斯燃烧，或放空。

常一线油从常压塔第 32 层（或 30 层）塔板上被引入常压汽提塔（T－103）上段，汽提油汽返回常压塔第 34 层塔板上，油则由泵（P106/1，P106/B）自常一线汽提塔的底部抽出，与原油换热（H－107）后经冷却器（L－102）冷却至 70℃左右被泵抽出装置。

常二线油从常压塔第 22 层（或 20 层）塔板上被引入常压汽提塔（T－103）中段，汽提油汽返回常压塔第 24 层塔板上，油则由泵（P107，P106/B）自常二线汽提塔的底部抽出，与原油换热（H－108/1，2）后经冷却器（L－103）冷却至 70℃左右被泵抽出装置。

常三线油从常压塔第 11 层（或 9 层）塔板上引入常压汽提塔（T－103）下段，汽提油汽返回常压塔第 14 层塔板上，油则由泵（P108/1，2）自常三线汽提塔的底部抽出，与原油换热（H－109/1－4）后经冷却器（L－104）冷却至 70℃左右被泵抽出装置。

图 4－1 所示为北京东方仿真总图；图 4－2 所示为闪蒸塔 DCS 图。

常压一中油自常压塔顶第 25 层板上由泵（P104/1，P104/B）抽出，并与原油换热（H－111/1－3）后返回常压塔第 29 层塔板上。

常压二中油自常压塔顶第 15 层板上由泵（P104/B，P105）抽出，并与原油换热（H－112/2，3）后返回常压塔第 19 层塔板上。

常压渣油经塔底泵（P109/1，2）自常压塔 T－102 塔底被抽出，分两路去减压炉（炉－102，103）对流室和辐射室加热后合成一路，并以工艺要求温度进入减压塔（T－104）进料段进行减压分馏。

3. 减压塔

减压塔顶油油汽二级经抽真空系统后，不凝汽自 L－110/1，2 放空或入减压炉（炉－102）作自产瓦斯燃烧。冷凝部分进入减顶油水分离器（R－104）切水，切出的水被排入下水道，污油被排入污油罐经进一步脱水后由泵（P118/1，2）抽出装置，或由缓蚀剂泵抽入闪蒸塔进料段或常一中进行回炼。

减一线油自减压塔上部集油箱由泵（P112/1，P112/B）抽出并与原油换热（H－102/1，2）后，经冷却器（L－105/1，2）冷却至 45℃左右，其中一部分外放，另一部分被排入减压塔顶作回流用。

减二线油自减压塔被引入减压汽提塔（T－105）上段，油汽返回减压塔，油则由泵（P113，P112/B）被抽出并与原油换热（H－106/1－6）后，经冷却器（L－106）冷却至 50℃左右由泵抽出装置。

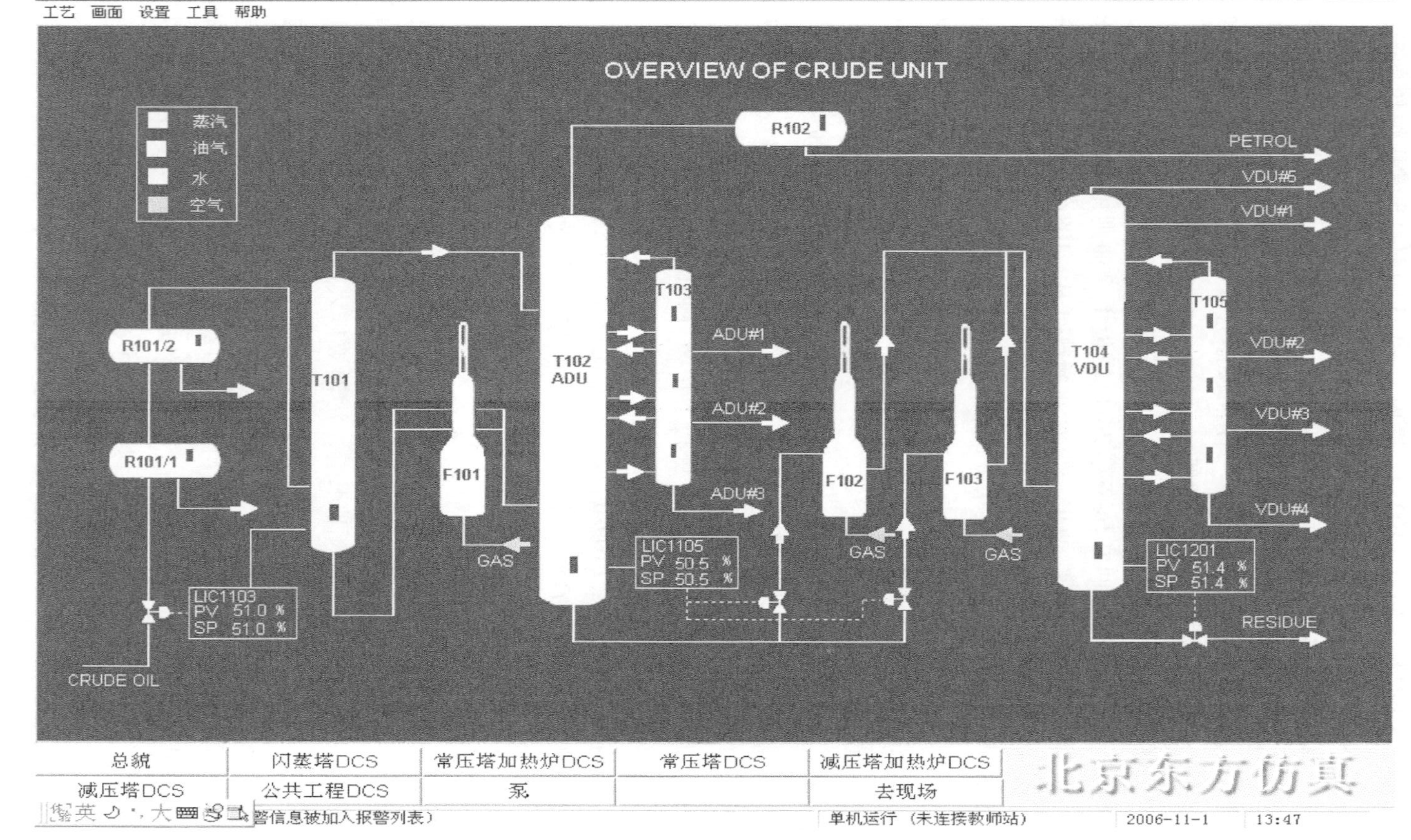

图4-1 北京东方仿真总图

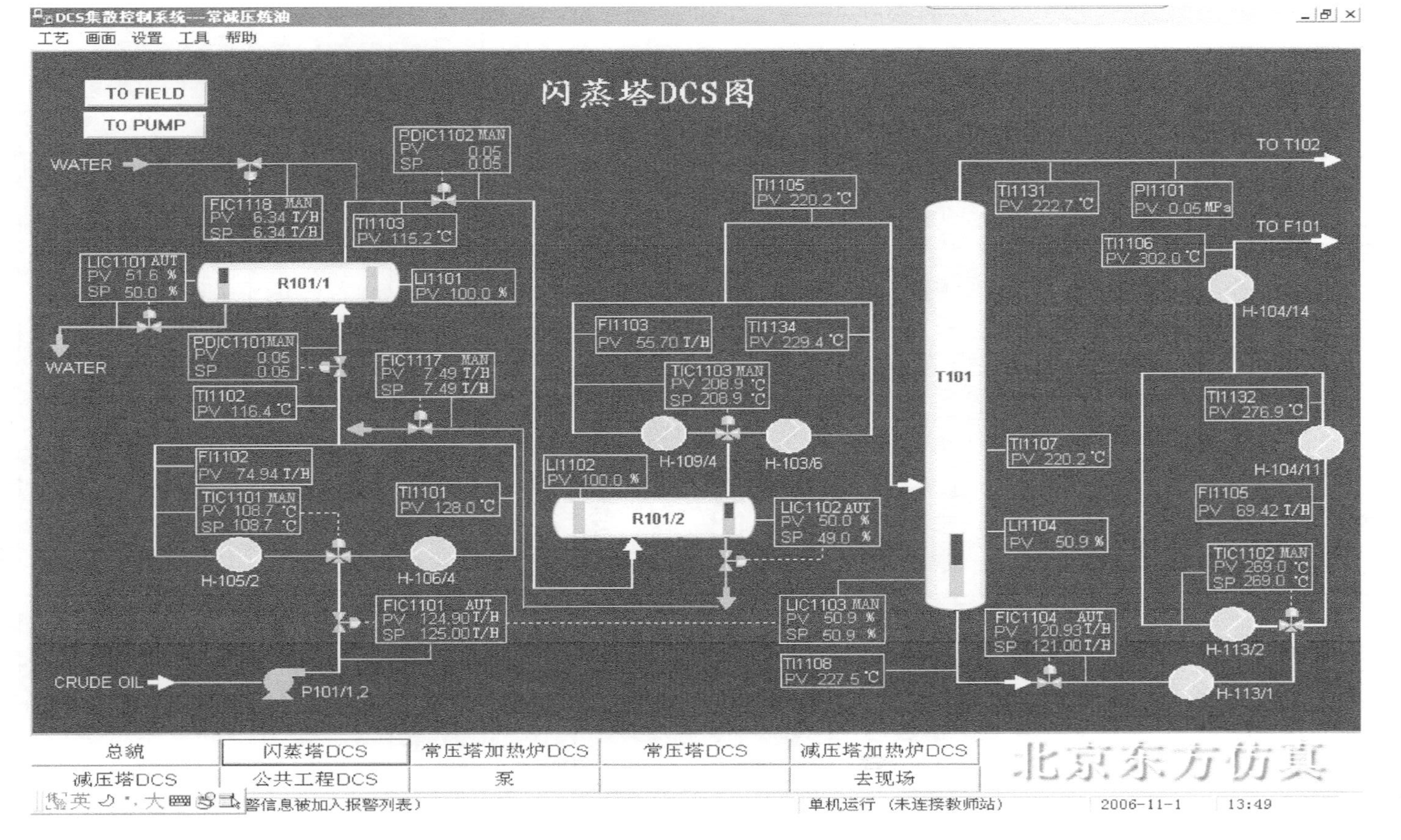
DCS集散控制系统---常减压炼油
工艺 画面 设置 工具 帮助
闪蒸塔DCS图
TO FIELD
TO PUMP
WATER
WATER
CRUDE OIL
P101/1,2
R101/1
R101/2
T101
TO T102
TO F101
H-105/2
H-106/4
H-109/4
H-103/6
H-104/14
H-104/11
H-113/2
H-113/1
总貌
闪蒸塔DCS
常压塔加热炉DCS
常压塔DCS
减压塔加热炉DCS
减压塔DCS
公共工程DCS
泵
去现场
北京东方仿真
单机运行 （未连接教师站）
2006-11-1
13:49

图4-2　闪蒸塔DCS图

减三线油自减压塔被引入减压汽提塔（T－105）中段，油汽返回减压塔，油则由泵（P114/1，P114/B）被抽出与原油换热（H－103/1－6）后经冷却器（L－107）冷却至80℃左右出装置。

减四线油自减压塔被引入减压汽提塔（T－105）下段，油汽返回减压塔，油则由泵（P115，P114/B）抽出，一部分先与原油换热（H－113/1，2），再与软化水换热（H－113/3，4→H－114/1，2）后经冷却器（L－108）冷却至50℃～85℃出装置；另一部分被打入减压塔四线集油箱下部作净洗油用。冲洗油自减压塔由泵（P116/1，2）抽出后与L－109/2换热，一部分返塔作脏洗油用，另一部分外放。

减一中油自减压塔一线与二线之间由泵（P110/1，P110/B）抽出与软化水换热（H－105/3），再与原油换热（H－105/1，2）后返回减压塔。

减二中油自减压塔三线与四线之间由泵（P111，P110/B）抽出与原油换热（H－110/2－4）后返回减压塔。减压渣油自减压塔底由泵（P117/1，2）抽出与原油换热（H－104/3－14）后，经冷却器（L－109）冷却后由泵抽出装置。

二、原油常减压装置的工艺控制指标

1. 闪蒸塔T－101的工艺控制指标（见表4－1）

表4－1　闪蒸塔T－101的工艺控制指标

名称	温度/℃	压力（表）/MPa	流量/（$t \cdot h^{-1}$）
进料流量	235	0.065	126.262
塔底出料	228	0.065	121.212
塔顶出料	230	0.065	5.05

2. 常压塔T－102的工艺控制指标（见表4－2）

表4－2　常压塔T－102的工艺控制指标

名称	温度/℃	压力（表）/MPa	流量/（$t \cdot h^{-1}$）
常顶回流出塔	120	0.058	—
常顶回流返塔	35	—	10.9
常一线馏出	175	—	6.3
常二线馏出	245	—	7.6
常三线馏出	296	—	8.94

续表

名称	温度/℃	压力（表）/MPa	流量/（t·h⁻¹）
进料	345	—	121.212 1
常一中出/返	210/150	—	24.499
常二中出/返	270/210	—	28.0
常压塔底	343	—	101.8

3. 减压塔T－103的工艺控制指标（见表4－3）

表4－3 减压塔T－103的工艺控制指标

名称	温度/℃	压力/MPa	流量/（t·h⁻¹）
减顶出塔	70	－0.09	
减一线馏出/回流	150/50	—	17.21/13
减二线馏出	260	—	11.36
减三线馏出	295	—	11.36
减四线馏出	330	—	10.1
进料	385	—	
减一中出/返	220/180	—	59.77
减二中出/返	305/245	—	46.687
脏油出/返		—	
减压塔底	362	—	61.98

4. 常压炉F－101和减压炉F－102、F－103的工艺控制指标（见表4－4）

表4－4 常压炉F－101和减压炉F－102、F－103的工艺控制指标

名称	氧含量/%	炉膛负压/mmHg	炉膛温度/℃	炉出口温度/℃
F－101	3～6	－2.0	610.0	368.0
F－102	3～6	－2.0	770.0	385.0
F－103	3～6	－2.0	730.0	385.0

5. 调节器指标（见表4－5）

表4－5　调节器指标

序号	位号	正常值	单位	说明
1	FIC1101	126.2	t/h	原油进料
2	FIC1104	121.2	t/h	T101 塔底出料
3	FIC1106	60.6	t/h	炉 F101 的一路进料
4	FIC1107	60.6	t/h	炉 F101 的另一路进料
5	FIC1111	51.9	t/h	炉 F102 的进料
6	FIC1112	51.9	t/h	炉 F103 的进料
7	FIC1207	61.2	t/h	T104 塔底出料
8	FIC1117	6.35	t/h	R101/1 洗涤水进料
9	FIC1118	6.35	t/h	R101/2 洗涤水进料
10	FIC1116	6.36	t/h	常一线汽提塔出料
11	FIC1115	7.65	t/h	常二线汽提塔出料
12	FIC1114	8.94	t/h	常三线汽提塔出料
13	FIC1108	25	t/h	常一中循环量
14	FIC1109	28	t/h	常二中循环量
15	FIC1211	11.36	t/h	减二线汽提塔出料
16	FIC1210	11.36	t/h	减三线汽提塔出料
17	FIC1209	10.1	t/h	减四线汽提塔出料
18	FIC1203	59.77	t/h	减一中循环量
19	FIC1204	46.69	t/h	减二中循环量
20	FIC1208	17.21	t/h	减一线汽提塔返回量
21	FIC1110	10.9	t/h	常顶返回量
22	LIC1101	<50	%	R101/1 水位
23	LIC1102	<50	%	R101/2 水位
24	LIC1103	50	%	T101 油位
25	LIC1105	50	%	T102 油位
26	LIC1201	50	%	T104 油位
27	LIC1106	50	%	R102 油位

续表

序号	位号	正常值	单位	说明
28	LIC1107	<50	%	R102 水位
29	LIC1108	50	%	常一线汽提塔油位
30	LIC1109	50	%	常二线汽提塔油位
31	LIC1110	50	%	常三线汽提塔油位
32	LIC1202	50	%	减一线汽提塔油位
33	LIC1203	50	%	减二线汽提塔油位
34	LIC1204	50	%	减三线汽提塔油位
35	LIC1205	50	%	减四线汽提塔油位
36	TIC1101	—	℃	与 H-105/2 换热后原油温度
37	TIC1103	—	℃	与 H-109/4 换热后原油温度
38	TIC1102	—	℃	与 H-113/2 换热后原油温度
39	TIC1104	368	℃	炉 F101 出口油温度
40	TIC1105	610	℃	炉 F101 炉膛温度
41	TIC1106	120	℃	常顶返回温度
42	TIC1107	—	℃	常一中返回温度
43	TIC1108	—	℃	常二中返回温度
44	TIC1201	385	℃	炉 F102 出口油温度
45	TIC1202	770	℃	炉 F102 炉膛温度
46	TIC1203	385	℃	炉 F103 出口油温度
47	TIC1204	730	℃	炉 F103 炉膛温度
48	TIC1205	70	℃	减一线返回温度
49	TIC1206	—	℃	减一中返回温度
50	TIC1207	—	℃	减二中返回温度
51	PDIC1101	—	—	R101/1 入口含盐压差
52	PDIC1102	—	—	R101/2 入口含盐压差
53	PIC1102	-2	mmHg	F101 炉膛负压
54	PIC1103	0.3	MPa	F101 过热蒸汽压
55	PIC1201	-2	mmHg	F101 炉膛负压

续表

序号	位号	正常值	单位	说明
56	PIC1202	0.3	MPa	F102 过热蒸汽压
57	PIC1204	-2	mmHg	F101 炉膛负压
58	PIC1205	0.3	MPa	F103 过热蒸汽压
59	ARC1101	4	%	F101 内含氧量
60	ARC1201	4	%	F102 内含氧量
61	ARC1202	4	%	F103 内含氧量

6. 仪表指标（见表4-6）

表4-6 仪表指标

序号	位号	正常值	单位	说明
1	FI1102	—	t/h	与 H-105/2 换热油量
2	FI1103	—	t/h	与 H-109/4 换热油量
3	FI1105	—	t/h	与 H-104/11 换热油量
4	TI1101	—	℃	与 H-106/4 换热后油温
5	TI1102	—	℃	R101/1 入口温度
6	TI1103	—	℃	R101/1 出口温度
7	TI1134	—	℃	与 H-103/6 换热后油温
8	TI1105	—	℃	T101 入口温度
9	TI1107	—	℃	T101 内温度
10	TI1132	—	℃	与 H-104/11 换热后油温
11	TI1131	—	℃	T101 塔顶蒸汽温度
12	TI1106	—	℃	与 H-104/14 换热后油温
13	TI1112	368	℃	F101 出口油温
14	TI1113	368	℃	F101 出口油温
15	TI1122	380~450	℃	F101 过热蒸汽出口温度
16	TI1123	210	℃	常一中出口油温
17	TI1124	270	℃	常二中出口油温
18	TI1125	35	℃	常顶返回油温

续表

序号	位号	正常值	单位	说明
19	TI1126	175	℃	常一线出口油温
20	TI1127	245	℃	常二线出口油温
21	TI1128	296	℃	常三线出口油温
22	TI1129	343	℃	T102 塔底温度
23	TI1209	380 ~ 450	℃	F102 过热蒸汽出口温度
24	TI1222	380 ~ 450	℃	F103 过热蒸汽出口温度
25	TI1226	150	℃	减一线流出温度
26	TI1127	260	℃	减二线流出温度
27	TI1128	295	℃	减三线流出温度
28	TI1129	330	℃	减四线流出温度
29	TI1223	220	℃	减一中出口油温
30	TI1224	305	℃	减二中出口油温
31	TI1234	—	℃	脏洗油线温度
32	PI1101	—	MPa	T101 塔顶油气压力
33	PI1105	0. 058	MPa	T102 塔顶油气压力
34	PI1207	-0. 09	MPa	T104 塔顶油气压力

任务二　原油常减压装置的冷态开车过程

原油常减压装置的冷态开车过程为：装油→冷循环→热循环→常压系统转入正常生产→减压系统转入正常生产→投用一脱三注。

1. 装油

装油的目的是进一步检查机泵的情况，检查和发现仪表在运行中存在的问题，脱去管线内的积水，建立全装置系统的循环。

1）在常减压装置中装油的流程及步骤

（1）启动原油泵 P-101/1，2（在泵图界面上单击 P-101/1，2，若其中一个泵变绿色，则表示该泵已经开启，下同），打开调节阀 FIC1101、TIC1101，开度各为 50%，将原油引入装置。

（2）原油一路经换热器 H-105/2，另一路经 H-106/4；两路混合后经含盐压差调节阀 PDIC1101（开度为 50%）、现场阀 VX0001（开度为 100%）

再到电脱盐罐 R－101/1，建立电脱盐罐 R－101/1 的液位 LI1101；再打开含盐压差调节阀 PDIC1102（开度为 50%）和现场阀 VX0002（开度为 100%），引油到电脱盐 R－101/2，建立电脱盐罐 R－101/2 的液位 LI1102。

（3）打开现场阀 VX0007（开度为 100%），经电脱盐后的原油分两路，一路经换热器 H－109/4，另一路经换热器 H－103/6。

（4）打开温度为调节阀 TIC1103（开度为 50%），使原油到闪蒸塔 T－101，建立闪蒸塔 T－101 塔底液位 LIC1103。待闪蒸塔 T－101 底部液位 LIC1103 达到 50% 时，启动闪蒸塔底泵 P102/1，2（在泵现场图查找该泵，用左键点击开启该泵）。

（5）打开塔底流量调节阀 FIC1104（逐渐开大到 50%），打开调节阀 TIC1102（开度为 50%），流经换热器组 H－113/2 和 H－104/11，H－104/14。

（6）原油分两股进入常压炉（F－101）；在常压塔加热炉的集散控制系统图上打开进入常压炉的流量调节阀 FIC1106、FIC1107（开度各为 50%）；原油经过常压炉（F－101）的对流室、辐射室；两股出料合并为一股进入常压塔（T－102）进料段（即显示的 T0～T－102）。

（7）观察常压塔塔底液位 LIC1105 的值，并调节闪蒸塔进出流量阀（FIC1101 和 FIC1104），控制闪蒸塔塔底液位 LIC1103 为 50% 左右（即 PV＝50）。

2）减压装油流程及步骤

（1）待常压塔 T－102 底部液位 LIC1105 达到 50% 时（即 PV＝50），启动常压塔底泵 P109/1，2 中的其中一个（方法同上述启动泵的方法）。

（2）打开调节阀 FIC1111 和 FIC1112（开度逐渐开大到 50% 左右，控制 LIC1105 为 50%），分两路进入减压炉 F－102 和 F－103 的对流室、辐射室。经两炉 F－102 和 F－103 后混合成一股进料，进入减压塔 T－104。待减压塔 T－104 底部液位 LIC1201 达到 50% 时（即 PV＝50 左右），启动减压塔底 P117/1，2 的其中一个；打开减压塔塔底并抽出流量控制阀 FIC1207，开度逐渐开大，控制塔塔底液位为 50% 左右，并到减压系统图现场打开开工循环线阀门 VX0040，然后停原油泵 P－101/1，2。装油完毕。

注意，首先看现场图的手阀是否打开，确认该路管线畅通。其次到集散控制系图界面上，先开泵，再开泵后阀，建立液位。在进油的同时注意电脱盐罐 R101/1，2 切水，即间断打开 LIC1101、LIC1102 水位调节阀，控制其不超过 50%。

2. 冷循环

冷循环的目的主要是检查工艺流程是否有误，设备、仪表是否正常，同时脱去管线内部残存的水。待切水工作完成，各塔塔底液位偏高（50% 左右）

后，便可进行冷循环。

（1）冷循环的具体步骤与装油相同，流程不变。

（2）冷循环时要控制好各塔塔底液位稍过 50%（LIC1103、LIC1105、LIC1201），并根据各塔塔底液面情况进行补油。

（3）R－101/1，2 底部要经常反复切水，其方法是，间断打开 LIC1101、LIC1102 水位调节阀，控制液位不超过 50%。

（4）各塔塔底用泵切换一次，检查机泵的运行情况是否良好（在该仿真中不做具体要求）。

（5）换热器、冷却器副线稍开，让油品自副线流过（在该仿真中不做具体要求）。

（6）根据各塔的液位情况（将 LIC1103、LIC1105、LIC1201 的液位控制为略大于 50%），随时调节流量大小。

（7）检查塔顶汽油，看瓦斯流程是否打开，防止憋压。检查的内容包括：闪蒸塔顶油汽的出口阀 VX0008（开度为 50%）；从闪蒸塔出来到常压塔中部偏上的进气阀 VX0019（开度为 50%）；常压塔顶循环出口阀 VX0042（开度为 50%）；常压塔 T－102 塔顶冷却器 L－101 冷凝水入口阀 VX0050（开度为 50%）；不凝汽由汽油回流罐（R－102）到常压瓦斯罐（R－103）的出口阀 VX0017（开度为 50%）；由常压瓦斯罐（R－103）冷却下来的汽油返回汽油回流罐（R－102）的阀 VX0018（开度为 50%）；常压瓦斯罐（R－103）的排气阀 VX0020（开度为 50%）。

（8）启动全部有关的仪表。

（9）如果循环油温度 TI1109 低于 50℃，炉 F－101 可以间断点火，但出口温度（TI1113 或 TI1112）不高于 80℃。

（10）在冷循环工艺参数平稳后（主要是将 3 个塔的液位控制在 50% 左右，运行时间可少于 4h），在此做好热循环的各项准备工作。仿真过程的冷循环要保持稳定一段时间（10min）。

注意，加热炉简单操作步骤（以常压炉为例）：在常压炉的集散控制系统（DCS）图中打开烟道挡板 HC1101，开度为 50%；打开风门 ARC1101，开度为 50% 左右；打开 PIC1102，开度逐渐开大到 50%；调节炉膛负压，到现场模拟图中打开自然风，打开 VX0013，开度为 50% 左右，点燃点火棒，在现场单击 IGNITION，使其为开状态。再在 DCS 界面中打开瓦斯气流量调节阀 TIC11105，逐渐开大调节温度，若加热炉底部出现火燃标志图，则证明加热炉点火成功。

调节时可通过调节自然风风门、瓦斯及烟道挡板的开度来控制各指标。

实际加热炉的操作包括烘炉等细节。这里对仿真不做具体要求。

3. 热循环

当冷循环无问题时，在处理完毕后，便可开始热循环。其流程与冷循环相同。

1）热循环前的准备工作

（1）到现场模拟图中分别打开 T-101、T-102 和 T-104 的顶部阀门，防止塔内憋压（部分在前面已经开启）。

（2）到泵现场模拟图中启动空冷风机 K-1，2；分别在常压塔和减压塔的模拟现场图中打开冷凝冷却器给水阀门，检查 T-102 和 T-104 馏出线流程是否完全贯通，防止塔内憋压。到现场模拟图中打开手阀及机泵，在 DCS 操作画面中打开各调节阀，如下：

空冷风机 K-1，2；

常一线冷凝冷却器 L-102 给水阀 VX0051（开度为 50%）；

常二线冷凝冷却器 L-103 给水阀 VX0052（开度为 50%）；

常三线冷凝冷却器 L-104 给水阀 VX0053（开度为 50%）；

减一线冷凝冷却器 L-105 给水阀 VX0054（开度为 50%）；

减二线冷凝冷却器 L-106 给水阀 VX0055（开度为 50%）；

减三线冷凝冷却器 L-107 给水阀 VX0056（开度为 50%）；

减四线冷凝冷却器 L-108 给水阀 VX0057（开度为 50%）；

减压塔底出料冷凝冷却器 L-109 给水阀 VX0058（开度为 50%）；

减四线软水换热器器 H-113/4 给水阀 VX0059（开度为 50%）；

减压塔 T-104 减一中给水阀 VX0060（开度为 50%）。

（3）循环前到闪蒸塔现场模拟图中将原油入电脱盐罐副线阀门（VX0079、VX0006、VX0005）全打开（在后面还要关闭这几个副线阀门），甩开电脱盐罐 R101/1、2，以防止高温原油烧坏电极棒。打开电脱盐罐副线时会引起入电脱盐罐原油流量的变化，要注意调节各塔的液位（LIC1103、LIC1105、LIC1201）。

2）热循环升温、热紧过程

（1）炉 F-101、F-102、F-103 开始升温，起始阶段以炉膛温度为准，前两小时温度不得大于 300℃，两小时后以炉 F-101 出口温度为主，以每小时 20℃～30℃的速度升温。

（2）当炉 F-101 出口温度升至 100℃～120℃时恒温 2h 再脱水。当温度至 150℃时恒温 2～4h 再脱水。

（3）恒温脱水至塔底无水声，回路罐中水减少，进料段温度与塔底温度较为接近时，炉 F－101 开始以每小时 20℃～25℃的速度升温至 250℃，恒温，全装置进行热紧。

（4）炉 F－102，F－103 的出口温度 TIC1201、TIC1203 始终保持与炉 F－101 的出口温度 TIC1104 平衡，温差不得大于 30℃。

（5）常压塔顶温度 TIC1106 升至 100℃～120℃时，将轻质油引入汽油并开始打顶回流（在常压塔塔顶回流现场模拟图中打开轻质油线阀 VX0081 和 FIC1110，开度要自己调节，此时严格控制水液面 LIC1107，严禁回流带水）。

（6）常压炉 F－101 的出口温度 TIC1104 升至 300℃时，常压塔自上而下开侧线，开中段回流，到现场模拟图中打开手阀及机泵，在 DCS 操作画面中打开各调节阀，如下：

常一线：LIC1108、FIC1116、泵 P106/1；

常二线：LIC1109、FIC1115、泵 P107；

常三线：LIC1110、FIC1114、泵 P108/1，2；

常一中：FIC1108、TIC1107、泵 P104/1；

常二中：FIC1109、TIC1108、泵 P105。

升温阶段即脱水阶段，塔内水分在相应的压力下开始大量汽化，所以必须加倍注意，加强巡查，严防 P102/1、2，P109/1、2，P117/1、2 泵被抽空，并根据各塔液位情况进行补油。同时再次检查塔顶汽油线是否导通，以免憋压。

4. 常压系统转入正常生产

1）切换原油

（1）T－102 自上而下开完侧线后，启动原油泵，将渣油排出装置。启用渣油冷却器 L－109/2，将渣油温度控制在 160℃以内，在减压塔 T－104 的现场模拟图中打开渣油出口阀 VX0078，关闭开工循环线 VX0040，将原油量控制在 70～80t/h。

（2）导好各侧线，将冷设备换成热设备及外放流程，关闭放空，待各侧线来油后，联系调度调来轻质油，并启动侧线泵、侧线外放（前面已经打开）。

（3）当过热蒸汽温度（TI1122）超过 350℃时，缓慢打开 T－102 底吹汽，现场开启 VX0014 和常压塔 T－102 各侧线吹蒸汽阀 VX0080，关闭过热蒸汽放空阀（仿真中没做）。

（4）待生产正常后缓慢将原油量提至正常。

2）常压塔正常生产

（1）切换原油后，炉 F－101 以 20℃/h 的速度升温至工艺要求温度。

（2）炉 F－101 被抽空且温度正常后，常压塔自上而下打开常一中、常二中回流。

（3）原油入脱盐罐温度 TI1102 低于 140℃时，将原油入脱盐罐副线开关关闭。

（4）司炉工控制好炉 F－101 的出口温度，常压技工按工艺指标和开工方案调整操作，使产品尽快合格，及时联系调度并将合格产品改入合格罐。

（5）根据产品质量条件控制侧线吹汽量。

5. 减压系统转入正常生产

1）开侧线

（1）当常压开侧线后，减压炉开始以 20℃/h 的速度升温至工艺指标要求的范围内。

（2）当过热蒸汽温度超过 350℃时，开启减压塔底吹汽，在现场模拟图中打开 VX0082 和减压塔 T－104 以及各侧线吹蒸汽现场阀 VX0083，关闭过热蒸汽放空（仿真中没做）。

（3）当炉 F－102、F－103 的出口温度 TI1209、TI1222 升至 350℃时，打开炉 F－102、F－103 开炉管注汽 VX0021、VX0026。

（4）减压塔开始抽真空。抽真空分三段进行：第一段为 0～200mmHg；第二段为 200～500mmHg；第三段为 500mmHg 以上。

减压塔抽真空的操作步骤：在抽真空系统图上，先打开冷却水现场阀 VX0086，然后依次打开抽一线现场阀 VX0084、抽二线现场阀 VX0085 等抽真空阀门，并打开 VX0034 和泵 P118/1，2。

（5）减压塔 T－104 的塔顶温度超过工艺指标时，将常三线油倒入减压塔顶打回流（即开减压塔顶回流线汽油入口阀 VX0077），待减一线有油（即 LIC1202 的液位大于 0）后，改减一线本线打回流（即关闭减压塔顶回流线阀 VX0077，开启减压塔顶回流阀 VX0076、泵 P112/1 和减压塔顶回流量调节阀 FIC1208），常三线改出装置，控制塔顶温度（TIC1205）在指标范围内。

（6）减压塔自上而下开侧线。操作方法与常压塔的步骤基本相同，如下：

减一线：LIC1202；

减二线：LIC1203、FIC1211、泵 P113；

减三线：LIC1204、FIC1210、泵 P114/1；

减四线：LIC1205、FIC1209、泵 P115；

减一中：FIC1203、TIC1206、泵 P110/1；

减二中：FIC1204、TIC1207、泵 P111；

脏洗油系：FIC1205、泵 P116/1。

2）调整操作

（1）在炉 F－102、F－103 的出口温度达到工艺指标后，自上而下打开中段回流。注意，开回流时先放净设备管线内的存水，严禁回流带水。

（2）侧线有油后联系调度并调来轻质油，启动侧线泵，将侧线油改入催化料或污油罐。

（3）倒好侧线流程，启动 P116/1，2 开启洗油系统，同时启用净洗油系统。

（4）根据产品质量调节侧线吹汽流量。

（5）由司炉工稳定炉的出口温度，减压技工根据开工方案的要求尽快调整产品使其合格，并将合格产品改进合格罐。

（6）将软化水引入装置，启用蒸汽发生器系统。自产气先排空，待蒸汽合格不含水后，再并入低压蒸汽网络或引入蒸汽系统。

6. 投用一脱三注

（1）生产正常后，将原油入电脱盐的温度 TI1102 控制在 120℃～130℃，将压力控制在 0.8～1.0MPa，使电流不大于 150A，然后开始注入破乳剂和水。

（2）常顶开始注氨，注破乳剂。其操作步骤如下：

在闪蒸塔现场模拟图上打开破乳剂泵 P120/1 和水泵 P119/1、P119/3，然后打开出口阀 VX0037、VX0087，开度为 50%，在 DCS 图上，打开 FIC1117、FIC1118，开度均为 50%。

在生产正常，各项操作工艺指标达到要求后，主要调节阀所处状态如下：

①分别将闪蒸塔底液位 LIC1103 投自动，SP＝50；在原油进料流量 FIC1101（PV）接近 125 时，投串级。

②分别将闪蒸塔底出料 FIC1104 投自动，SP＝121。

③分别将常压炉出口温度 TIC1104 投自动，SP＝368；炉膛温度 TIC1105 投串级；风道含氧量 ARC1101 投自动，SP＝4；炉膛负压 PIC1102 投自动，SP＝－2；烟道挡板开度 HC1101 投手动，OP＝50。

④分别将常压塔塔底液位 LIC1105 投自动，SP＝50；塔底出料 FIC1111、FIC1112 均投串级；塔顶温度 TIC1106 投自动，SP＝120；塔顶回流量 FIC1110 投串级；塔顶分液罐 V－102 油液位 LIC1106 投自动，SP＝50；水液位 LIC1107 投自动，SP＝50。

⑤分别将减压炉的出口温度 TIC1201 和 TIC1203 投自动，SP＝385；炉膛温度 TIC1202 和 TIC1204 投串级；风道含氧量 ARC1201 和 ARC1202 投自动，SP＝4；炉膛负压 PIC1201 和 PIC1204 投自动，SP＝－2；烟道挡板开度

HC1201 和 1202 投手动，OP = 50。

⑥分别将减压塔塔底液位 LIC1201 投自动，SP = 50；塔底出料 FIC1207 投串级；塔顶温度 TIC1205 投自动，SP = 70；塔顶回流量 FIC1208 投串级；LIC1202 投自动，SP = 50。

⑦现场模拟的各换热器、冷凝器手阀开度均为 50，即 OP = 50。各塔底注气阀开度为 50%；抽真空系统蒸汽阀开度为 50%；泵的前后手阀开度为 50%。

⑧所有液位及各油品出料根据生产情况投自动。

任务三　原油常减压装置的正常停工过程

一、降量

（1）降量前先停电脱盐系统。

①打开 R－101/1、2 的原油副线阀门，关闭 R－101/1、2 的进出口阀门，停止注水、注剂。静止送电 30min 后开始排水，使原油中水分充分沉降。

②待 R－101/1、2 内污水排净后，启动 P119/1、2，将 R－101/1、2 内的原油自原油循环线打入原油线回炼。

注意：待 R－101/1、2 罐内无压力后再打开罐顶放空阀。

③在 R－101/1、2 内的原油退完后，将常二线油自脱盐罐冲洗线倒入 R－101/1、2 内各冲洗 1h。在罐底排污线放空。

（2）降量分多次进行，降量速度为 10～15t/h。

（3）在降量初期需保持炉的出口温度不变，调整各侧线油抽出量，以保证侧线产品质量合格。

（4）在降量过程中需注意控制好各塔底液面，调节各冷却器的用水量，侧线油品被泵出装置，并将油品温度控制在正常范围内。

二、降量关侧线阶段

（1）当原油量降至正常指标的 60%～70% 时开始降炉温。炉出口温度以 25℃/h～30℃/h 的速度均匀降温。

（2）降温时将各侧线油品改入催化料或污油罐，常减压各侧线及汽油回流罐控制高液面，用于洗塔。

（3）在炉－101 出口温度降到 280℃左右时，T－102 开始自上而下关闭侧线，停止中段回流，各侧线及汽油停止外放。

（4）炉－102、炉－103的出口温度降到320℃左右时，T－104开始自上而下关闭侧线，停止中段回流，各侧线及汽油停止外放。塔破真空分三个阶段进行：第一阶段为正常值500mmHg；第二阶段为正常值500～250mmHg；第三阶段为正常值250～0mmHg。注意，在破真空时应关闭L－10/3、4顶部的瓦斯放空阀。

（5）当过热蒸汽出口温度降至300℃时，停止所有塔部吹气，进行放空。

三、装置打循环及炉子熄火

（1）在关完T－102侧线后，立即停原油泵，改为循环流程进行全装置循环。

（2）在关闭T－104侧线后，将减压侧线油自分配台倒入减压塔打回流洗塔。减侧线油打完后将常压各侧线倒入减压塔顶回流洗塔，直到各侧线油打完为止。

注意：将侧线油倒入减一线打回流时应打开减一线流量计和外放调节阀的副线阀门。

（3）常压技工将汽油回流罐内的汽油全部打入常压塔顶，以清洗常压塔，在塔顶温度过低时应停止空冷。

（4）炉子应对称关火阻，继续降温，炉子的出口温度降至180℃时停止循环，炉子熄火，风机不停止。待炉膛温度降至200℃时再停风机，打开放爆门加速冷却，关闭过热蒸汽。

（5）在炉子熄火后，需将各塔底油全部打出装置。

任务四　原油常减压装置出现事故时的分析与处理

1. 原油中断

原因：原油泵P101/1故障。

现象：塔液面下降，塔进料压力降低，塔顶温度升高。

处理方法：切换原油泵P101/2；若不行，则按停工处理。

2. 供电中断

原因：供电部门线路发生故障。

现象：各泵运转停止。

处理方法：来电后，相继启动顶回流泵、原油泵、初底泵、常底泵、中断回流泵及侧线泵；各岗位按生产工艺指标调整操作至正常。

3. 循环水中断

原因：供水单位停电或水泵发生故障不能正常供水。

现象：油品出装置温度升高；减顶真空度急剧下降。

处理方法：若停水时间短，降温降量，维持最低量生产；若停水时间长，按紧急停工处理。

4. 供汽中断

原因：锅炉发生故障，或因停电不能正常供汽。

现象：流量显示回零，各塔、罐、加热炉操作不稳；减顶真空度下降。

处理方法：如果只停汽而没有停电，则改为循环；如果既停汽又停电，则按紧急停工处理。

5. 净化风中断

原因：空气压缩机发生故障。

现象：仪表指示回零。

处理方法：短时间停风，将控制阀改为副线，用手工调节各路流量、温度、压力等；长时间停风，按降温降量循环处理。

6. 加热炉着火

原因：炉管局部过热结焦严重，结焦处被烧穿。

现象：炉子的出口温度急剧升高，冒大量黑烟。

处理方法：熄灭全部火嘴并向炉膛内吹入灭火蒸汽。

7. 常压塔底泵停止运行

原因：泵发生故障，被烧或供电中断。

现象：泵的出口压力下降，常压塔液面上升；加热炉熄火，炉子的出口温度下降。

处理方法：切换备用泵。

8. 常顶回流阀的阀卡 10%

原因：阀的使用时间太长。

现象：塔顶温度上升，压力上升。

处理方法：开旁通阀。

9. 减压塔出料阀的阀卡 10%

原因：阀的使用时间太长。

现象：塔底液位上升。

处理方法：开旁通阀。

10. 闪蒸塔底泵被抽空

原因：泵本身发生故障。

现象：泵的出口压力下降，塔底液面迅速上升，炉膛温度迅速上升。

处理方法：切换备用泵，注意控制炉膛温度。

11. 减压炉熄火

原因：燃料中断。

现象：炉膛温度下降，炉子的出口温度下降，火灭。

处理方法：减压部分按停工处理；常压塔的渣油出装置。

12. 抽 -1 故障

原因：真空泵本身发生故障。

现象：减压塔压力上升。

处理方法：加大抽 -2 蒸汽量。

13. 低压闪电

原因：供电不稳。

现象：全部或部分低压电动机停转，操作混乱。

处理方法：如时间短，则切换备用泵。其操作顺序：顶回流，中段回流，处理量调节；或及时联系电修部门送电，按工艺指标调整操作。

14. 高压闪电

原因：供电不稳。

现象：全部或部分高压电动机停转，闪蒸塔和常压塔进料中断，液面下降。

处理方法：若时间短，可切换备用泵；或及时送电，按工艺指标调整操作。

15. 原油含水

原因：原油供应紧张。

现象：原油泵可能被抽空，闪蒸塔液面下降，压力上升。

处理方法：加强电脱盐罐操作，加强切水。

【项目测评】

一、判断题

1. 原油含盐、含水有许多危害，例如含水量多易造成冲塔。（　　）
2. 原油脱盐原理是利用原油注入淡水来溶解盐类。（　　）

3. 原油脱水原理是利用油比水轻，油水不相溶，静置分层后除去水。（　　）

4. 原油蒸馏预汽化塔是为了对原油进行预处理以脱去盐和水。（　　）

5. 将原油加热，油中单个水滴受热膨胀直径增大，沉降速度加快。（　　）

6. 在原油中加破乳剂，水滴表面保护膜被减弱或破坏，小水滴聚集成大水滴，沉降速度加快。（　　）

7. 原油中存在乳化剂，许多微小水滴均匀地分散在原油中，难以用静置沉降的方法将水分离出来。（　　）

8. 原油脱盐脱水罐要保持较大的压力。（　　）

9. 原油精馏的理论基础是汽液相平衡原理。（　　）

10. 蒸馏塔的温度梯度是实现精馏的必要条件之一。（　　）

二、名词解释

1. 循环回流　2. 饱和蒸汽　3. 饱和液体　4. 过冷液体　5. 过热蒸汽　6. 中段循环回流　7. 渐次汽化和渐次冷凝　8. 回流　9. 回流比　10. 一脱四注

三、思考题

1. 原油含盐、含水的危害有哪些？
2. 简述原油脱盐脱水的原理及作用。
3. 精馏过程的实质是什么？
4. 为了使精馏过程能够顺利进行，必须具备什么条件？
5. 回流的作用是什么？
6. 水蒸气蒸馏和减压蒸馏的目的是什么？
7. 实现干式减压蒸馏的技术措施有哪些？
8. 什么是“一脱四注”？画出“一脱四注”的位置图。
9. 如何表示石油精馏塔的分馏精确度？
10. 试简述开设初馏塔的好处。

四、实操训练

1. 常压塔的温度控制。
2. 减压塔一线、二线的温度控制。
3. 常压塔的液位控制。
4. 减压塔的液位控制。
5. 减压炉熄火事故的分析与处理。

项目五

连续重整仿真装置

［学习目标］

<table>
<tr><td colspan="2">总体技能目标</td><td>能够根据生产要求正确分析工艺条件；能对本工段的开工、停工、生产事故处理等仿真进行正确操作，具备岗位操作的基本技能；能初步优化生产工艺过程</td></tr>
<tr><td rowspan="3">具体目标</td><td>能力目标</td><td>（1）能根据生产任务查阅相关书籍与文献资料；
（2）能正确选择工艺参数，在操作过程中具备工艺参数调节的能力；
（3）能对本工段进行正确的开车、停车、事故处理仿真的操作；
（4）能对生产中的异常现象进行正确的分析、诊断，具有事故判断与处理的技能</td></tr>
<tr><td>知识目标</td><td>（1）掌握连续重整工艺的原理及工艺过程；
（2）掌握连续重整工艺主要设备的工作原理与结构组成；
（3）熟悉工艺参数对生产操作过程的影响，能正确选择工艺条件</td></tr>
<tr><td>素质目标</td><td>（1）学生应具有化工生产规范操作意识、判断力和紧急应变能力；
（2）学生应具有综合分析问题和解决问题的能力；
（3）学生应具有职业素养、安全生产意识、环境保护意识及经济意识</td></tr>
</table>

任务一　连续重整仿真装置概况

一、连续重整仿真装置的工艺流程

连续重整仿真装置的总图如图 5 - 1 所示。

1. 石脑油加氢单元

图 5 - 2 所示为预加氢总貌。由连续重整仿真装置外罐区来的直馏石脑油自流进入预加氢原料泵（G609A/B）入口，升压进入预加氢进料缓冲罐（D601）。D601 压力采用分程控制，当压力高时，气体排入火炬系统；当压力低时，补充燃料气。D601 底油在液位和流量串级控制下经预加氢进料泵（G601A/B）升压后，先经预加氢进料预热器（EX605A，B）与石脑油分馏

连续重整仿真装置总图

预加氢总貌	预加氢反应	预加氢C601	预加氢C602	余热回收系统
重整总貌	重整反应	重整D701	重整再接触	重整C701
再生总貌	再生还原区	再生分离料斗	再生烧焦区	再生氮封罐
再生闭锁料斗	再生气洗涤	加料与卸粉尘	再生冷态循环	再生开关
再生停车条件	产汽系统	公用工程1	公用工程2	公用工程3
参数表1	参数表2	参数表3	参数表4	参数表5
参数表6	参数表7	参数表8	参数表9	参数表10
参数表11	流量积算表	可燃气体检测	设备运行图 1	设备运行图 2
K601A	K601B	K703	AB751和AB754	在线分析仪汇总
粉尘反吹系统	CRCS参照报警表	自控率报表1	自控率报表2	

图 5－1 连续重整仿真装置的总图

塔顶介质换热，然后与循环氢混合，经预加氢混合进料换热器（EX601A～F）壳程与预加氢反应产物换热，再经预加氢进料加热炉（FX601）加热升温至反应温度后进入预加氢反应器（RX601）。在预加氢反应器中，原料油在催化剂和氢气的作用下进行加氢精制反应，脱除原料油中的有机硫、氮化合物和金属杂质等。反应产物经预加氢高温脱氯罐（D608）脱除 HCl 后，再经 EX601F～A 管程和进料换热后与来自水洗注入泵（G602A/B）的除盐水混合以洗涤产物中的胺盐，然后与补充氢混合后经预加氢产物空冷器（AC601A～D）冷凝并冷却到 52℃后进入预加氢气液分离器（D603）。

来自重整部分的补充氢经过补充氢压缩机入口分液罐（D605）进入补充氢压缩机升压后，在预加氢产物空冷器（AC601A～D）前与反应产物混合。

反应产物在 D603 中进行气液分离，氢气从顶部引出至循环氢压缩机入口分液罐（D604）除去携带的液体，氢气从顶部经保温伴热管道进入循环氢压缩机（K601A/B）升压后循环至反应系统。液体产物从 D603 底部抽出，在液位控制下依次经汽提塔进料/石脑油分馏塔底换热器（EX602A，B）壳程和汽提塔进料/塔底换热器（EX604）壳程，分别与石脑油分馏塔底物流和汽提塔底物流换热后进入汽提塔（C601）。

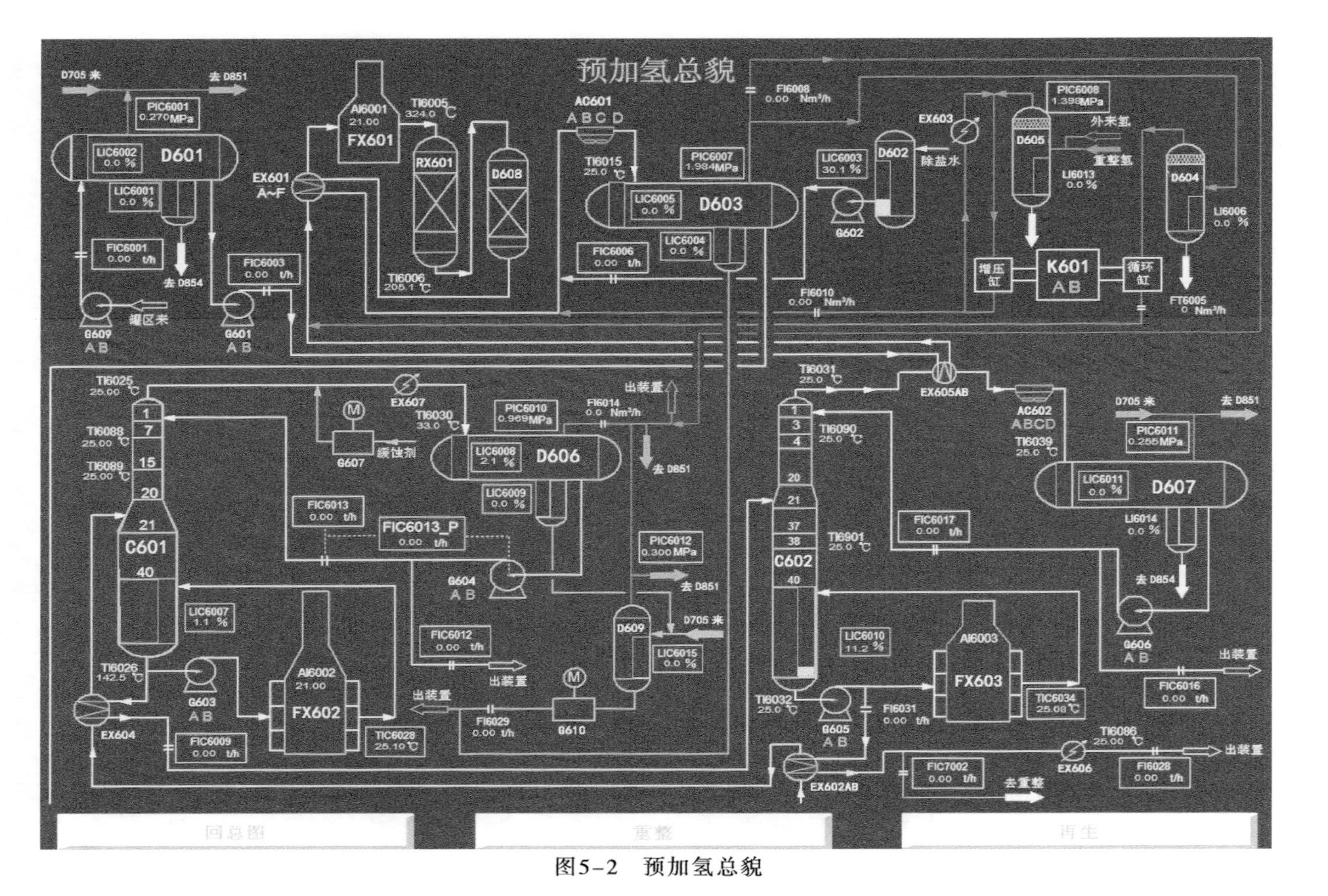
预加氢总貌
D705 来
去 D851
PIC6001 0.270 MPa
LIC6002 0.0 %
D601
LIC6001 0.0 %
FIC6001 0.00 t/h
去 D854
G609 A B
罐区来
G601 A B
FIC6003 0.00 t/h
EX601 A~F
AI6001 21.00
FX601
TI6005 324.0 ℃
RX601
D608
TI6006 205.1 ℃
AC601 A B C D
TI6015 25.0 ℃
LIC6005 0.0 %
D603
PIC6007 1.984 MPa
LIC6004 0.0 %
FIC6006 0.00 t/h
FI6008 0.00 Nm³/h
FI6010 0.00 Nm³/h
LIC6003 30.1 %
D602
除盐水
G602
EX603
PIC6008 1.398 MPa
D605
外来氢
重整氢
LI6013 0.0 %
增压缸
K601 A B
循环缸
D604
LI6006 0.0 %
FT6005 0 Nm³/h
TI6025 25.00 ℃
TI6088 25.00 ℃
TI6089 25.00 ℃
C601
EX607
TI6030 33.0 ℃
G607
缓蚀剂
PIC6010 0.969 MPa
LIC6008 2.1 %
D606
LIC6009 0.0 %
FI6014 0.0 Nm³/h
出装置
去 D851
FIC6013 0.00 t/h
FIC6013_P 0.00 t/h
G604 A B
PIC6012 0.300 MPa
D705 来
D609
LIC6015 0.0 %
LIC6007 1.1 %
TI6026 142.5 ℃
G603 A B
EX604
FIC6009 0.00 t/h
AI6002 21.00
FX602
TIC6028 25.10 ℃
FIC6012 0.00 t/h
FI6029 0.00 t/h
G610
TI6031 25.0 ℃
TI6090 25.0 ℃
TI6901 25.0 ℃
C602
TI6032 25.0 ℃
G605 A B
FI6031 0.00 t/h
LIC6010 11.2 %
EX605AB
AC602 ABCD
TI6039 25.0 ℃
FIC6017 0.00 t/h
PIC6011 0.255 MPa
LIC6011 0.0 %
D607
LI6014 0.0 %
去 D854
G606 A B
FIC6016 0.00 t/h
AI6003
FX603
TIC6034 25.08 ℃
EX602AB
FIC7002 0.00 t/h
去重整
TI6086 25.00 ℃
EX606
FI6028 0.00 t/h
回总图
重整
再生

图5-2　预加氢总貌

汽提塔顶的轻组分、硫化氢和微量水经汽提塔塔顶水冷器（EX607）冷凝冷却后进入汽提塔回流罐（D606）。气相（含硫化氢的气体）在压力控制下被送出装置；液相从罐底被抽出，经汽提塔回流泵（G604A/B）升压后在回流罐液位和流量串级控制下返回塔顶，多余部分作为含硫液化石油气被送出装置；回流罐液位可通过切换开关实现分别与回流和产品流量的串级操作，操作中可根据需要调整。汽提塔底的汽油大部分经汽提塔重沸炉泵（G603A/B）升压，在流量控制下进入汽提塔重沸炉（FX602）加热至50%汽化后返回汽提塔底作为热源，其余部分自压经 EX604 管程与汽提塔进料换热后在塔底液位和流量串级控制下被送往石脑油分馏塔（C602）作为进料。

石脑油分馏塔顶的气相经预加氢进料预热器（EX605A，B）与预加氢进料换热后，再经石脑油分馏塔空冷器（AC602A ~ D）冷凝冷却到40℃（全部冷凝为液相）后进入石脑油分馏塔回流罐（D607）。液相从罐底被抽出，经石脑油分馏塔回流泵（G606A/B）升压后，一部分在回流罐液位和总流量串级控制下返回塔顶作为回流，其余部分在塔顶温度和流量串级控制下作为轻石脑油产品被送出装置。石脑油分馏塔底的精制石脑油大部分经石脑油分馏塔重沸炉泵（G605A/B）升压，在流量控制进入石脑油分馏塔重沸炉（FX603）被加热至50%汽化后返回塔底作热源，其余部分经汽提塔进料/石脑油分馏塔底换热器（EX602B，A）管程与汽提塔进料换热后作为重整进料。

由连续重整装置外罐区来的加氢裂化重石脑油可经 G609A/B 入口或 G601A/B 入口加压后进入预处理系统，或直接进入重整系统。

汽提塔回流罐（D606）分水包中的含硫污水经界位控制阀与稳定塔回流罐（D705）分水包中经界位控制阀来的含硫污水一起被送至含硫污水罐（D609），然后再用含硫污水泵（G610）加压后与预加氢气液分离器（D603）分水包中经界位控制阀来的含硫污水一起被送往装置外的污水汽提装置。

为防止汽提塔顶的硫化氢被腐蚀，设有一套注缓蚀剂的系统，桶装的缓蚀剂经预加氢注缓蚀剂泵（G607）升压后注入汽提塔顶管线。

石脑油加氢催化剂开工时需预硫化，桶装的二甲基二硫醚经预加氢注硫泵（G608）升压后注入预加氢进料泵（G601A/B）入口管线。

2. 重整单元

来自石脑油加氢汽提塔进料/石脑油分馏塔底换热器（EX602B，A）管程的精制石脑油在石脑油分馏塔底液位和流量串级控制下进入焊接板式重整混合进料换热器（EX701），与来自重整循环氢压缩机（K701）的氢气混合并与重整反应产物换热后，进入重整进料加热炉（FX701）继续被加热至重整反应所需温度后，进入第一重整反应器（RX701），物流经反应器内的扇形筒径向通过连续向下移动的重整催化剂，在临氢条件下进行重整反应，由于吸热反应而温度降低了的反应产物经反应器内上流式中心管流出进入第一中间加热炉（FX702）升温至反应温度后，继续进入第二重整反应器（RX702），物流以与 RX701 相同的过程在 RX702 中继续进行重整反应，反应产物以与前面相同的过程依次进入第二中间加热炉（FX703）、第三重整反应器（RX703）、第三中间加热炉（FX704）、第四重整反应器（RX704）进行加热和反应。最终反应产物从 RX704 流出后，大部分进入焊接板式重整混合物进料换热器（EX701）与进料换热，少部分经反应器置换气换热器（EX702）管程与进入反应器底部催化剂收集器前的置换气（K701 出口来）换热，经 EX701、EX702 换热后的反应产物合并进入重整产物空冷器（AC701）冷凝冷却，然后在顶部装有隔板的反应产物分离器（D701）中进行气液分离，一部分氢气由隔板一侧引出并经过 K701 升压返回重整反应系统循环，另一部分在隔板另一侧引出并与来自催化剂再生部分的还原气混合后进入重整氢增压机入口分液罐（D708），经过重整氢增压机（K702）的一段压缩与来自二段再接触罐（D703）的液体和来自稳定塔回流罐的气体混合进入一段再接触水冷器（EX708）冷却，在一段再接触罐（D702）进行气液分离，分离后气体进入 K702 的二段压缩，再与来自 D701 经反应产物分离器泵（G701A/B）升压的重整反应液体产品混合，经二段再接触水冷器（EX709）冷却，再与来自 D703 的低温液相物流在再接触预冷器（EX703A，B）换热后进入再接触制冷器（EX704）冷却至4℃，在 D703 中进行气液分离。经过再接触，D703 顶得到较高纯度的氢气。其中一小部分氢去催化剂再生部分作增压气、还原氢；另一大部分经过下游可切换的重整氢脱氯罐（D704A/B）脱除氯化氢后被送给下游用户（其中，少部分氢被用作石脑油加氢的补充氢，而大部分氢被送出装置）。

D702 液体物流经一段再接触罐泵（G702A/B）升压后，在液位控制下经稳定塔进料/塔底换热器（EX705A ~ D）壳程与稳定塔底物料换热后进入稳定塔（C701）。轻组分（主要为 C4 组分）从塔顶馏出，经稳定塔顶水冷器（EX710）冷凝冷却至 40℃并在稳定塔回流罐（D705）中进行气液分离，气体至 EX708 入口与经 K702 一段压缩后的氢气混合后进行两段的再接触，以回收其中的液态烃，液相经稳定塔回流泵（G703A/B）升压后，一部分在回流罐液位和总流量串级控制下打回流，其余部分在塔顶精馏段的灵敏塔盘温度和流量串级控制下经液化石油气脱氯罐（D706）脱氯后被送出装置。稳定塔底物流大部分经稳定塔重沸炉泵（G704A/B）升压后进入稳定塔重沸炉（FX705）加热至 50% 汽化后返回塔底供热，其余部分自压经 EX705A ~ D 管程与稳定塔进料换热后再经过稳定汽油水冷器（EX707）进一步冷却，在稳定塔底液位和流量串级控制下被送出装置。

在重整反应系统中设有重整开工注氯泵（G706）、重整注硫泵（G707A/B）和当催化剂再生部分停工时的注氯注水泵（G705）。注氯用的四氯乙烯由设置在催化剂再生部分的注氯罐（D762）提供。

为回收重整加热炉 FX701 ~ FX704 的烟气余热和提高加热炉的热效率，在“四合一”炉对流段设一套蒸汽发生系统，其产生的 3.5MPa 蒸汽全部供 K701 和 K702 的凝汽透平使用，不足部分由外系统 3.5MPa 蒸汽管网补充。

3. 催化剂再生单元

重整催化剂依靠重力作用依次从 RX701、RX702、RX703 和 RX704 四个反应器流至反应器底部的催化剂收集器。在收集器内，来自反应器置换气换热器（EX702）的循环氢将催化剂所携带的烃类置换出来，然后催化剂向下流至“L”阀组。自提升风机（AB754）来的提升氮气将待生催化剂提升至再生器（RX751）顶部的分离料斗（D753）。在分离料斗中，来自除尘风机（AB753）的氮气（淘析气）将催化剂中的少量粉尘自分离料斗顶部吹出，送至粉尘收集器（SP752）。从粉尘收集器出来的淘析气一部分由 AB753 升压后再循环使用，另一部分由 AB754 升压后循环回“L”阀组作为提升氮气。粉尘收集器收集的催化剂粉尘通过收集器下部的粉尘收集罐（D758）收集后定期装桶回收。

依靠重力作用，待生催化剂从分离料斗进入再生器（RX751）顶部，在再生器内自上而下依次经过预热区、烧焦区、再加热区、氯氧化区、干燥区、冷却区进行再生。从再生器顶部出来的再生气经再生风机（AB751）升压后分为三股，分别从不同部位循环回再生器上部，其中一大股为催化剂烧焦气体，其余两股分别用于对催化剂进行预热和再加热。在烧焦区和再加热区，催化剂通过内外两个锥状筛网之间的环形区向下流动，与来自 AB751 的热再生气体接触完成催化剂烧焦，所需温度由再生气空冷器（AC751）和再生气电加热器（HE753）来调节，催化剂再生所需的空气由氯氧化区上流气体提供。催化剂继续向下流动至氯氧化区。有机氯化物由再生注氯罐（D762）经再生注氯泵（G752A/B）升压后经蒸汽加热器汽化后进入氯氧化区，与干燥区来的氯化气体（由空气和有机氯化物组成）一起穿过催化剂床层并向上流动，对催化剂进行氯化更新。在干燥区，要除去烧焦所产生的水分，以确保催化剂的良好性能，催化剂在该区的流动与在氯化区相似，热的干燥空气向上流经催化剂床层，一部分从干燥区出口排出，另一部分从环形空间向上进入氯氧化区。干燥区所需温度由空气电加热器（HE754）提供。冷却区位于再生器底部，用干燥的冷空气对催化剂进行冷却，同时预热了冷空气。

冷却后的催化剂自再生器底部流出，经过氮封罐（D754），由氧环境切换为氢气环境后进入闭锁料斗（D757），通过闭锁料斗来控制催化剂的循环量，同时完成催化剂从低压的再生区被输送回高压的反应器还原段的压力转换。催化剂依靠重力自闭锁料斗底部被送至另一“L”阀组，由二段再接触罐（D703）出口来的纯度较高的重整氢经EX751、HE751和HE752加热后作为提升气，将再生过的催化剂提升至反应器顶部的还原区。氧化态的催化剂流经还原区，在还原氢气的作用下通过二段还原成金属态。还原氢气来自二段再接触罐顶，经增压气聚集器（SP755）后，再经还原气换热器（EX751）与还原段出来的氢气换热，然后由一号还原气电加热器（HE751）加热后分为两股：一股直接至还原段上部作为一段还原氢气；另一股由二号还原气电加热器（HE752）进一步加热后至还原段下部作为二段还原氢气。还原段出来的氢气与自增压气聚集器（SP755）的还原氢气换热后返回重整氢增压机入口分液罐。催化剂依靠重力自还原区流经一反、二反、三反和四反，再经“L”阀组提升被输送至再生器，从而完成催化剂的循环。

增压气聚集器（SP755）底依靠自身压力将液体送至重整反应产物分离器。

对从再生器排出的含有HCl、Cl_2和CO_2等的酸性气体采用两级工艺进行处理。第一级是文丘里洗涤器（SP758），它使酸性气体与来自碱液循环泵（G751A/B）经碱液冷却器（EX753）冷却的部分碱液混合。混合物通过SP758后，所有的HCl和大多数的Cl_2将被去除，然后被送入放空气洗涤塔（D759）下部进行第二级处理。自碱液冷却器来的碱液分成两股，经上部的分配器和下部的喷嘴（SP760）分别从D759的上部和下部进入，并与向上流动的放空气在石墨拉西环填料层中充分接触洗涤，洗涤后的放空气从D759顶部出来后在高处被排入大气。从塔底流出的碱液经碱液循环泵（G751A/B）升压并经碱液冷却器（EX753）冷却后循环使用。通过补充碱液和排放碱液的方式进行pH值调节，以便使循环碱液的pH值保持在适宜值，补充的碱液和除盐水分别经再生注碱罐（D760）、再生注碱泵（G753A/B）和再生注水罐（D760）及再生注水泵（G754A/B）被送至G751A/B出口管线补充进碱液循环系统，排放出来的废碱液进入含碱污水系统。为防止D759顶部的破沫网压降过大，设置了上部喷嘴（SP759）不定期向破沫网底部喷水，以溶解上面积聚的盐，防止堵塞。

在反应器底部的“L”阀组之前及氮封罐顶部有两处催化剂添加系统，各包括一个催化剂添加料斗（D751、D755）和一个催化剂加料闭锁料斗

（D752、D756）。操作时可定期不停工地在线将催化剂加入再生系统中，以补充催化剂粉尘及随其淘析气所带走的催化剂损失。

4. 余热锅炉部分

由连续重整装置外来的除盐水和由K701、K702来的凝结水在除氧器液位控制下进入除氧器（DE861）除氧，除氧用蒸汽来自K701、K702润滑油站透平，不足部分由1.0MPa、250℃的过热蒸汽补充，多余的蒸汽通过消音器放空。

自除氧器来的除氧水经中压给水泵（G861A/B）升压后，经汽水分离器（D861）液位调节阀后，与强制循环泵（G862A/B）出口经温控调节阀来的热水混合后一起进入重整“四合一”加热炉的省煤段，加热至230℃左右进入汽水分离器。汽水分离器的水经强制循环泵（G862A/B）加压后进入加热炉的蒸发段产生汽水混合物，最后返回汽水分离器。经汽水分离器发生4.22MPa的中压饱和蒸汽进入重整“四合一”加热炉的过热段过热至450℃左右，被送至装置中压过热蒸汽总管，供装置凝汽式汽轮机使用。

蒸汽发生系统的水循环采用强制循环方式，其优点是受热面的布置较灵活，汽水分离器与蒸发受热面之间不需要有一定的高度差，汽水分离器不必布置在蒸发受热面上方，甚至汽包的位置可以在受热面的下方。

系统的连续排污水经排污水冷却器（EX861）冷却至50℃左右，再排入排污冷却池；系统的定期排污水排入定期排污扩容器（D862），闪蒸扩容后的100℃左右的水也排入排污冷却池冷却后排放。

另外还设置了一套双罐双泵型磷酸盐加药装置（D863），以供产汽用于调节炉水中磷酸根的浓度。装置凝汽式汽轮机K701、K702的凝结水升压至0.5MPa后进入除氧器，在除氧后，凝结水可作为产汽系统的补给水。在正常运行时，不需要外系统提供除盐水。开工时产汽系统用的除盐水全部由外系统供给。连续重整装置的工艺流程示意如图5－3所示。

5. 公用工程部分

1）蒸汽和凝结水系统

重整循环氢压缩机（K701）和重整氢增压机（K702）均采用3.5MPa蒸汽透平驱动的离心式压缩机，其所需的3.5MPa蒸汽由装置内的产汽系统提供，不足部分由外系统补充；开工期间及产汽系统不正常时全部由外系统提供。凝汽透平回收的0.5MPa凝结水循环回产汽系统用于发生3.5MPa蒸汽，多余部分被送出连续重整装置。该装置正常运行时产汽系统所需的锅炉供给水全部由自产凝结水提供，开工期间由外系统来的除盐水经产汽系统除氧器除氧后提供。该装置所需的1.0MPa蒸汽全部由外系统提供，1.0MPa蒸汽凝结水直接被送出装置。

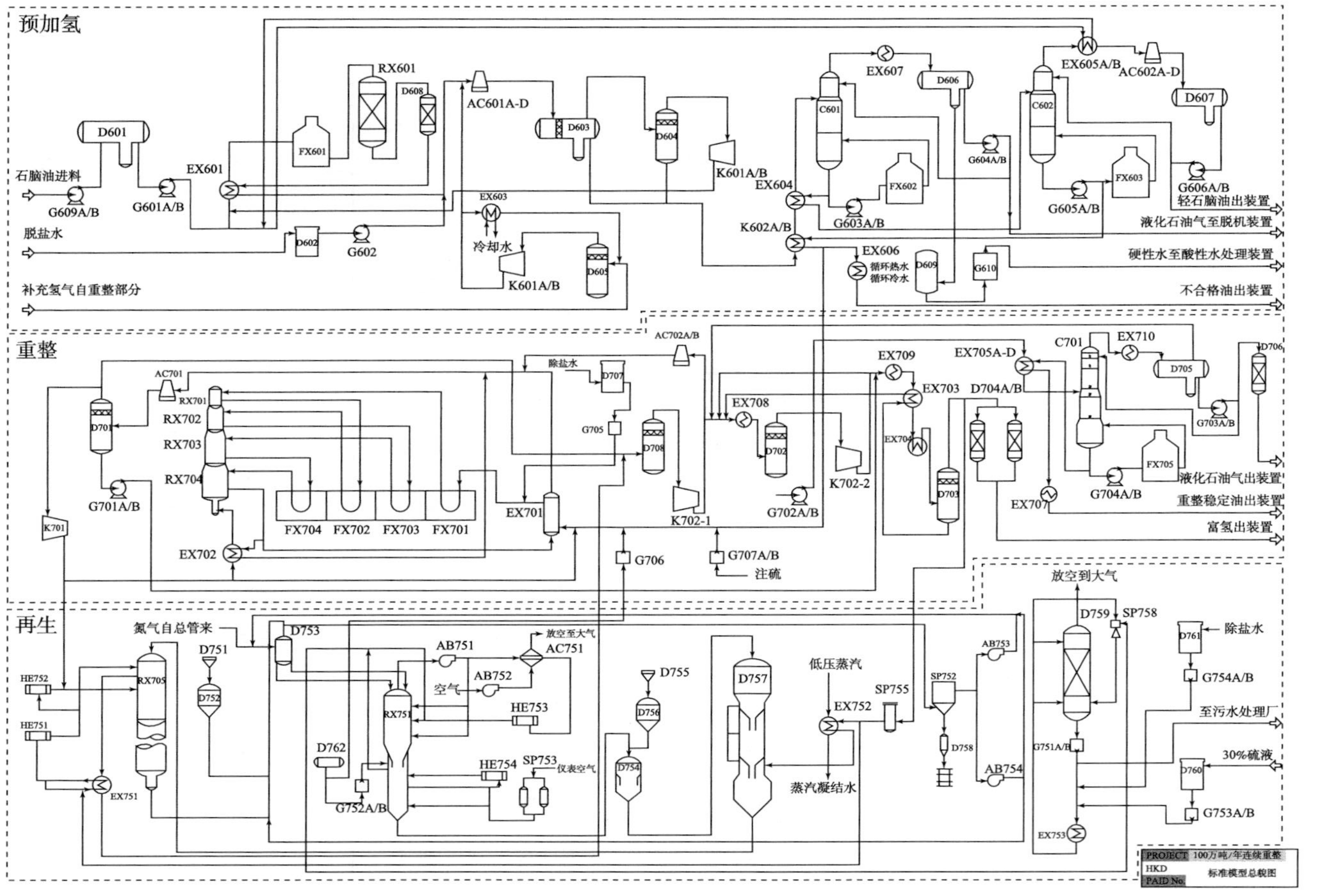

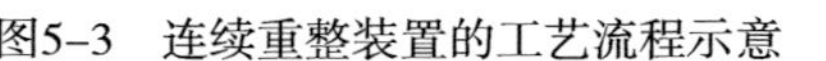
图5-3　连续重整装置的工艺流程示意

2）氮气系统

装置的氮气系统分为12MPa和2.0MPa两个系统。12MPa氮气减压至2.8MPa后主要用于预加氢临氢系统充压、置换以及脱氯罐的停工吹扫等；2.0MPa氮气分为两路，一路减压至1.0MPa后供软管站、氮封及充压用，另一路减压到0.81MPa后单独供再生系统使用。

3）燃料气系统

为防止燃料气系统供应不足以及压力波动，连续重整装置内设置轻石脑油汽化器（EX851），将轻石脑油加热汽化后作为补充燃料气，补充燃料气的量按正常燃料气用量的60%考虑。

二、稳态操作指标

稳态操作指标见表5－1。

表5－1　稳态操作指标

质量名	质量说明
Q001	控制燃烧区最高温度在TI7543，且不要超过593℃
Q002	预加氢出口温度TIC6004不超过331℃
Q003	重整一反出口温度TIC7003不超过534℃
Q004	重整二反出口温度TIC7001不超过534℃
Q005	重整三反出口温度TIC7005不超过534℃
Q006	重整四反出口温度TIC7007不超过534℃
Q007	D702液面LIC7002不超过80%
Q008	D703液面LIC7003不超过80%

任务二　连续重整装置的冷态开车过程

（1）打开石脑油自灌区的阀门0206V02、0206V08，打开泵G609A和泵出口阀；

（2）调节FIC6001，向D601引油；

（3）打开D601氮气阀门0206V07，控制D601压力PIC6001至0.26MPa后关闭阀门0206V07；

（4）打开C601回流罐D606补氮阀门0215V04，控制C601压力PIC6010压力至0.8～0.9MPa后关闭补氮阀；

（5）打开 C602 回流罐 D607 补氮阀 0217V04，控制 C602PIC6011 压力至 0.20 ~0.3MPa 后关闭补氮阀门；

（6）打开补氮阀 0207V01、0207V07、0209V05 和 0210V08；

（7）在 D601 液面 LIC6002 达到 60% 时，打开 G601A 和泵出口阀，调节 FIC6003，向 T601 垫油；

（8）在石脑油加氢联锁系统逻辑图上，双击复位开关，复位 FT6003A，调节 FIC6003，向 T601 垫油；

（9）C601 液面 LIC6007 达 60% ~80% 时，继续垫油；

（10）启动 G603A/B，投用 FIC6011，建立塔底循环（塔底正常操作循环量为 280t/h）；

（11）打开 0214V05、0213V01 阀门，改通去 C602 后路流程；

（12）当 C601 底循环平稳之后，打开 FIC6009，向 C602 垫油；

（13）当 C602 液面 LIC6010 达到 60% ~80% 时，一边继续垫油，一边启动 G605，投用 FIC6015，建立塔底循环（塔底正常操作循环量为 280t/h）；

（14）控制 C602 液面 LIC6010 为 60% ~80%；

（15）C602 底油分二路：一路打开 0213V05、LIC6010A、0213V09，经 EX606 预加氢循环线回 V601；另一路打开 0213V04、0309V10，在“四合一反应炉紧急停车系统”中，双击复位按钮 HSF7011PR 和 HSF7011R，打开 FIC7002 阀向 C701 垫油，使 C701 液面 LIC7005 达到 60% ~80%；

（16）在 DCS 的 C701 系统中，给变频控制器 P704A 一定的数值，启动 G704，投用 FIC7015A/B，建立塔底循环；

（17）开启 C701 充压阀 0318V10 充压 PIC7008，使其达到 0.8 ~0.9MPa 后关闭阀门；

（18）开启 0317V02 阀投用 EX707 水冷后，打开 0317V08、0317V03；

（19）开启 FIC7007，C701 底油经大循环线向 D601 退油，建立冷油大循环；

（20）停止送精制油，关闭 0210V08，停止 G609，停止垫油，关闭 0206V02；

（21）打开 HV6029，启动 AB601，在 DCS 二合一炉余热回收系统上，将 PIC6028_ P 全打开；

（22）手动关闭 PIC6029A1，打开 PIC6029A2；

（23）启动 AB602，在 DCS 上调节 PIC6029A_ P，二合一炉为微负压；

（24）打开 0215V01 阀，投用 EX607 水冷；

（25）在联锁“汽提塔重沸炉紧急停车系统 FX602”图上，双击复位按钮 HSF6012PR、HSF6012R、HS6012QR，FX602ESD 联锁确认，开启风门 FIC6025；

（26）在现场站上单击“FX602 长明灯火嘴”，输入一定的数值，单击“FX602 点火器”，点燃 FX602 长明灯；

（27）打开 FIC6024，现场站单击“FX603 燃料气火嘴”，打开火嘴炉前手阀，FX602 开始升温；现场站：开空冷 AC602A、B、C、D；

（28）在联锁“石脑油分馏炉紧急停车系统”图上，双击复位按钮 HSF6014PR、HS6014R、HS6014QR，FX603ESD 联锁确认，开启风门 FIC6026；

（29）在现场站上单击“FX603 长明灯火嘴”，输入一定的数值，单击“FX603 点火器”，点燃 FX603 长明灯；开启风门 FIC6027；

（30）在现场站单击“FX603 燃料气火嘴”，打开火嘴炉前手阀，FX603 开始升温；

（31）打开 0318V08，投用 EX710 水冷；

（32）打开 FX705 烟气去空气预热器阀 PIC7042，调节 PIC6029A2 和 PIC6029_ P，使 PIC7042 为负压；

（33）在联锁“加热炉 FX705 联锁逻辑”图上，双击复位按钮 HDF705R、HDF705PR、HDF705OR、FX705ESD 联锁确认；

（34）打开风门 FIC7046；

（35）在现场站上单击“FX705 长明灯火嘴”，输入一定的数值，单击“FX705 点火器”，点燃 FX705 长明灯；

（36）打开 FIC7047；

（37）在现场站单击“FX705 燃料气火嘴”，打开火嘴炉前手阀，FX705 开始升温；

（38）投 C601 压控 PIC6010 为自动，控制压力至 0.8 ~ 0.9MPa；投 C602 压控 PIC6011 为自动，控制压力至 0.2 ~ 0.3MPa；投 C701 压控 PIC7008 为自动，控制压力为 0.8 ~ 0.9MPa；

（39）当 FX602 出口温度 TIC6028 达 130℃时，停止升温，并进行 130℃恒温脱水，直至各塔底采样分析无明水；

（40）当 FX603 出口温度 TIC6034 达 130℃时，停止升温，进行 130℃恒温脱水，直至各塔底采样分析无明水；

（41）当 FX705 出口温度 TIC7048 达 130℃时，停止升温，进行 130℃恒温脱水，直至各塔底采样分析无明水；

（42）FX602、FX603、FX705 继续以 20℃/h ~ 25℃/h 的速度进行升温，TIC6028 升温至 200℃，停止升温；TIC6034 升温至 180℃，停止升温；TIC7048 升温至 210℃，停止升温；

（43）当回流罐 D606 液面 LIC6008 达到 30% ~ 40% 时，启动 G604（A 泵

是变频，DCS 上用 FIC6013_ P 调节），开启 FIC6013 向 C601 打回流；

（44）当回流罐 D607 液面 LIC6011 达到 30% ~40% 时，启动 G606（A 泵是变频，DCS 上用 FIC6017_ P 调节），开启 FIC6017 向 C602 打回流；

（45）当回流罐 D705 液面 LIC7007 达到 30% ~40% 时，启动 G703（A 泵是变频，DCS 上用 FIC7010_ P 调节），开启 FIC7010 向 C701 打回流；

（46）热油循环平稳运行 4 ~8h 之后，关闭 FV7002，关闭去 C701 垫油现场阀门 0309V10，阀门 0317V03 停止联合油运，停止 G601；

（47）打开现场阀门 0213V10，关闭阀门 0213V09，进行 C601、C602 双塔循环；

（48）关闭阀门 FV7007，关闭现场阀门 0317V03，C701 单塔循环；

（49）在现场站全开 PV6022，并且打开阀门 FIC6020、0211V22 和 0208V03，引外来氢气进入该装置；

（50）预加氢系统压力 PIC6007 充压至 0.8MPa 后关闭 0211V22 和 FIC6020；

（51）在现场站 K601A/B 中，点击“油路开关”和“水站开关”，投用 K601/A 水路正常，油路正常；

（52）打开 0210V16，K601/A 出入口阀门 0211V07、0211V08 和 0211V16，改通氢气循环流程；打开 K601/A 出入口阀门 0211V05、0211V06、0211V14 和 PV6008，改通氢气循环流程；启动 K601/A；开空冷 AC601A、AC601B、AC601C 和 AC601D；

（53）开启 0212V04，预加氢系统补氢升压，0212V01 水阀，投用 EX603；

（54）开启 FX601 烟气去空气预热器阀 PIC6021，调节 PIC6021 为负压；

（55）在联锁图“预加氢反应炉紧急停车系统”双击复位按钮，FX601ESD 联锁确认；

（56）开启风门 FIC6023B；

（57）在现场站上单击“FX601 长明灯火嘴”，输入一定的数值，单击“FX601 点火器”，点燃 FX601 长明灯；调节 FIC6022；

（58）开启火嘴炉前手阀，FX601 开始升温到 200℃；

（59）开启 0312V13 和 0312V07，重整系统引氢气充压，至 D701 压力 PIC7003 为 0.24MPa；

（60）D701 压力 PIC7003 为 0.24MPa 时，关闭补氢阀 0312V13 和 0312V07；

（61）在现场站 K701 辅助系统及操作面板中，点击“油路开关”和“干气密封”，投用 K701 干气密封系统，油路系统正常；

（62）在联锁图“K701 联锁系统逻辑图（1）”上，双击复位按钮“C701”，K701 联锁投用，复位；

（63）开启 K701 出入口阀 MBV706、MBV707 和速关阀 MBV708；

（64）在联锁图“K701 汽轮机升速画面”上，单击左上角的“启动”按钮，启动 K701，K701 会自动把转速提到 5 204r/min，氢气循环；

（65）开启空冷 AC701A ~ L 和 FIC7001 上、下游阀，设定 FIC7001 流量为 550Nm^3/h；

（66）开启 TIC7013 上、下游阀，将控制阀 TV7013 手动设定为 75%；

（67）开启阀 0003V02，引除盐水除氧器；

（68）开启 LIC7902 上、下游手阀，调节 LIC7902，控制 DE861 液面为 70%；

（69）开启现场阀 0004V07 和 PIC7904 上、下游手阀，投用 PIC7904；

（70）开启 PIC7901（小于 50）上、下游手阀，投用 PV7901，引 1.0MPa 蒸汽至 DE861；

（71）开启 0003V04，PIC7902 投自动，控制压力为 0.2 ~0.3MPa；

（72）开启 LIC7904 上、下游手阀，当 DE861 液面为 70% 时，开启 G861 向 D861 送水；

（73）调节 FIC7902，控制 D861 液面为 60%，当 D861 液面为 60% 时，开启 G862，建立水循环；

（74）开启连续排污阀 0004V01 和 EX861 循环水阀 0004V03 和排污阀 0004V02；

（75）在 DCS“产汽系统”中打开四合一炉烟道挡板 HIC7016；

（76）在“四合一反应炉紧急停车系统”中，右侧所有指示灯变绿，确认四合一炉联锁投用，复位；

（77）在现场站，分别单击 FX701 自燃风门、“FX701 长明灯火嘴”，输入一定的数值，单击“FX701 点火器”，点燃长明灯；

（78）在现场站，分别单击 FX702 自燃风门、“FX702 长明灯火嘴”，输入一定的数值，单击“FX702 点火器”，点燃长明灯；

（79）在现场站，分别单击 FX703 自燃风门、“FX703 长明灯火嘴”，输入一定的数值，单击“FX703 点火器”，点燃长明灯；

（80）在现场站，分别单击 FX704 自燃风门、“FX704 长明灯火嘴”，输入一定的数值，单击“FX704 点火器”，点燃长明灯；

（81）开启 FX701 ~ FX704 瓦斯调节阀 FIC7017 ~ FIC7020，打开炉前火嘴手阀，重整系统开始点火升温；

（82）及时调整锅炉产汽系统的操作，打开蒸汽就地放空阀 0004V09；

（83）打开 0209V02、0209V01 和 0209V04 阀，改通预加氢进油流程；

（84）逐渐升高 FX601 的出口温度 TIC6004 达到 280℃，打开泵 G601 和 G609，预加氢进料流量 FIC6003 增大到 90t/h；

（85）关闭 0209V05，开启 0210V10，设定 D603 控制 LIC6005 液面达到 35%；

（86）当 LIC6005 液面达到 35% 时，打开 LV6005，将 D603 油通过预硫化线循环回 D601；

（87）当 FX601 出口温度 TIC6004 达到 280℃ 时，打开 0210V08，关闭 0210V10，向 C601 进油；打开 0213V09，关闭 0213V10，C602 底油循环回 D601；

（88）控制重整各反入口温度 TIC7003、TIC7005、TIC7001 和 TIC7007，以使之达到 370℃；

（89）调整催化剂收集器置换气温度 TIC7013 至 150℃，稳定后投自动；

（90）在提高温度的同时，关闭 PIC7006，打开 0313V06、0313V15 和 0313V11，再接触系统补氢充压；

（91）进入联锁图“K702 汽轮机升速画面”，单击右上角“压力控制”，单击“702 防喘”，分别在手动输出框中输入 100，全打开 FIC7012 和 FIC7013；

（92）再接触系统压力 PIC7006 与重整系统压力 PIC7003 相同，即 0.24MPa 时，关闭阀门 0313V06、0313V15 和 0313V11；

（93）开启 EX708 和 EX709 的冷却水阀 0314V06 和 0315V02；

（94）在现场站 K702 辅助系统及操作面板中，单击“油路开关”和“干气密封”，投用 K702 干气密封系统，油路系统正常；

（95）在联锁“K702 汽轮机升速画面”左上角，单击“复位”按钮；

（96）开启 K702 高低压端出入口的阀门 MBV709、MBV710、MBV712 和 MBV713，开启速关阀 MBV711，在联锁“K702 汽轮机升速画面”左上角，单击“启动”按钮，启动 K702 转速并自动提至 5 320r/min；

（97）开启 0316DV01、0316V02、0316V26 和 0316V03，全打开 PIC7006，投用氢气脱氯罐 D704/A；

（98）开启 0309V14、0309V15、0309V02 和 0309V06，改通重整进料流程；

（99）在连续两次分析 C602 底油合格后，打开 FIC7002，向重整进料，流量控制在 90t/h；

（100）关闭 LIC6010A、0213V05 和 0213V09，停止 C602 底油循环回流至 D601；

（101）重整各阀继续提温，保持在 370℃ ~400℃；

（102）进料后根据循环汽中的含水量，打开0309V12和0310V03，启动G706，投用注氯设施，进行水氯平衡的调节；

（103）打开0309V09，启动P707A开始注硫，注入量为使精制油硫含量控制在0.25～0.5ppm；

（104）及时调节PIC7003，控制好D701的压力在0.25MPa左右，当D701液面LIC7001达到25%时，启动G701（A中变频泵，用LIC7001_ P调节），防止液面超高而引起C701、C702联锁；

（105）打开0311V03，投用LIC7001，控制D701液面在40%，D701底油经P701先改去C701；

（106）打开0317V06，投用FV7007，控制C7001的液位；

（107）逐渐关闭FIC7012A/B和FIC7013A/B，直到D702、D703的压力分别达到0.70MPa和1.51MPa；

（108）设定PIC7006压力为1.25MPa，将重整产氢经EX704旁路并入氢气管网；

（109）开0316V22，关0212V04，将重整氢气入D605，停止氢的补入；

（110）调节重整各阀瓦斯流量，将各阀入口温度先提至480℃；

（111）调整锅炉产汽系统操作，在汽包压力PI7906达到3.5MPa、TI7902达到440℃后打开0004V10，关闭0004V09，3.5MPa蒸汽并网；

（112）在“C703联锁系统逻辑图”上，双击复位按钮，在现场站“0315”中，单击“氨压机启停按钮”，运行K703；

（113）在K703正常后，打开0315V05和LV7011，重整氢气走正线经EX704出装置；

（114）当D703液面达到25%时，借助D703自压，投用LIC7003，将D703底油减至D702，并控制D703液面为40%；

（115）当D702液面LIC7002上升至25%时，及时启动G702A（A泵是变频的，DCS上用LIC7002_ P调节），投用LIC7002，将D702底油减至C701，并控制D702液面为40%；

（116）打开0311V05，关闭0311V03，将D701底油改去EX709；

（117）在DCS“再生开关”中按下CRCS再生器运行开关、停止按钮HS7514到RUN（运转）位置；

（118）打开闭锁料斗至AC701阀门0418V01，使闭锁料斗充压与重整压力一致；

（119）将再生器差压控制器PDIC7527设定为自动控制，定为“0”kPa；

（120）将冷却区流量控制器FIC7528设定为自动控制，定为600Nm^3/h；

（121）开始将氮气引入氮封罐 D754，将氮封罐差压控制器 PDIK7528 和 PDIK7529 设定为 10kPa；

（122）在 DCS “再生开关” 中，按下空气电加热器 HE754 为 “开” 按钮，干燥区进口温度 TIC7541 提高至 565℃；

（123）当 RX751 压力 PI7521 达到 0.24MPa 时，在现场站 “0414” 中，单击 “低速开”，按正常操作启动 AB751 低速运行；

（124）在 DCS “再生开关” 中，按下再生电加热器 HE753 为 “开” 按钮，打开再生气空冷器风机 AB752，燃烧区进口的温度 TIC7533 提高至 477℃；

（125）打开待生催化剂隔离差压控制器 PDIC7516，将 PDIC7516A 设定为自动控制，压力为 15kPa；

（126）将提升气风机回流控制器 FIC7518 设定为自动控制，流量为 311Nm³/h；

（127）按正常操作法启动 AB753；

（128）在 “AB754 联锁系统逻辑图” 中，双击复位按钮 “HS754AR”，现场站启动 AB754；

（129）将淘析气流量控制器 FIC7520 设定为自动控制，流量为 3 702Nm³/h；

（130）将待生催化剂总提升气流量控制器 FIC7516 设定为自动控制，流量为 300Nm³/h；

（131）将待生催化剂二次提升气流量控制器 FIC7515 设定为手动控制，流量为 0；

（132）打开 0419DV07，引重整氢气入 SP755；

（133）在 0410V02、0409V03，在 DCS 界面的 “再生还原区” 中单击 “HS7523”，然后单击现场站 “0419” 上的按钮，复位 XV7553（一定保证 PDIC7603 不大于 138kPa），打开 PIC7542，将压力控制设定为 1.0MPa；

（134）将 HE752 流量 FIC7507 控制在 1 054 Nm³/h；将 HE751 流量 FIC7509 控制在 1 366 Nm³/h；打开 0410V03 和 0410V04，在 DCS “再生还原区” 单击复位 XV7520（PDIC7503 必须有压差，不能低低报），还原段与反应器差压 PDIC7503 自动控制设定为 120kPa；

（135）按下一段还原电加热器 HE751 “开” 按钮（必须保证 FIC7506 有量），用 TIC7508 控制 HE751，电加热器按 30℃/h ~ 40℃/h 升温至 377℃；

（136）单击二段还原电加热器 HE752 的 “开” 按钮（必须保证 FV7507 有量），用 TIC7506 控制 HE752，还原电加热器以 30℃/h ~ 40℃/h 速度升温至 482℃；

（137）将再生催化剂总提升气流量控制器 FIC7543 设定为自动控制，控制流量为 411Nm^3/h；

（138）将再生催化剂二次提升气流量控制器 FIC7541 设为手动控制，控制流量为 0Nm^3/h；

（139）将闭锁料斗缓冲区/催化剂 L 阀组差压控制器 PDIK7538 设为自动控制，差压为 0kPa；

（140）将置换气和催化剂收集器的流量控制器 FIC7001 设为自动控制，置换气 TIC7013 控制约为 150℃；打开 LIC7508，引除盐水入 D761，设置液面自动控制为 60%；

（141）打开 LIC7509，引碱液入 D760，设置液面自动控制为 60%；

（142）打开 0421V03、0422V01、0422V02 和 0422V04，启动 G751，给碱洗塔 D759 注水；

（143）当 D759 液面 LIC7511 达到 50% 时，打开 D759 的底阀 0421V04，关闭 0421V03，停止补水，循环碱洗塔；

（144）打开 0420V01，调节 0422V04，使 FI7547 流量为 15.5t/h；

（145）调节 0422V01，使 D759 下部循环碱水 FI7549 流量为 1t/h；调节 0422V02，使 D759 上部循环碱水 FI7550 流量为 5t/h；打开卸料腿阀门 0422V06；

（146）在 DCS“再生放空气洗涤系统”中，单击复位按钮“HS7531”，打开 XV7556A，将再生废气切换进碱洗塔；

（147）手动调节 LIC7511 以一定的开度，打开 0422V03 和 P754ADIS 的阀门，启动 G754A；

（148）打开 P753ADIS，启动 G753A，往碱洗塔内注碱；

（149）打开 0421V02，调节废碱出装置量，控制碱液的 pH 值为 9～11，把 LIC7511 设为自动控制，控制液位为 55%；

（150）调节并控制氮气流量进再生器 RX751，将干燥区总流量 FIC7525 设置为自动控制，流量为 530Nm^3/h；将冷却区流量 FIC7528 设置为自动控制，流量为 400Nm^3/h；

（151）当燃烧区进口温度 TIC7533 高于 250℃，现场站单击“高速开”，将再生风机 AB751 换至高速挡运行；确定以下五个条件是否具备：再生分离料斗区，把待生催化剂隔离差压 PDIC7516A 设为自动控制，控制差压为 15kPa；将 PDIC7516B 设为自动控制，控制差压为 18kPa；将再生催化剂隔离差压 PDIK7528、PDIK7529 设为自动控制，控制差压为 10kPa（保证不低于 0.5kPa，否则不能打开再生催化剂隔离系统）；将再生器压力控制 PDIC7527

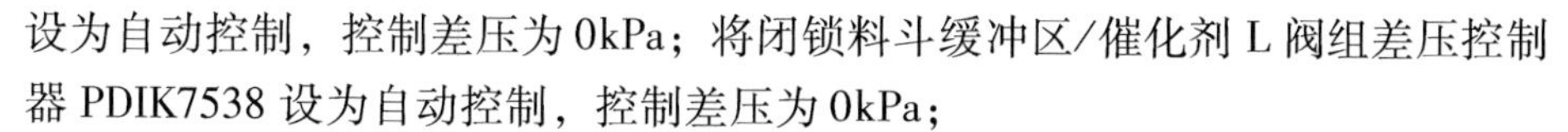

设为自动控制，控制差压为0kPa；将闭锁料斗缓冲区/催化剂L阀组差压控制器PDIK7538设为自动控制，控制差压为0kPa；

（152）打开催化剂收集器底出口切断阀0410V09；

（153）打开再生器RX751底切断阀0417V01；

（154）在DCS界面的“再生开关”中，按下再生催化剂提升线切断阀XV7562并使其处于“ON”位置，XV7562显示为绿色；

（155）在DCS界面的“再生开关”中，打开待生催化剂隔离系统并使其处于“ON”位置，这时XV7522、XV7523显示为绿色；

（156）在DCS界面的“再生开关”中，打开再生催化剂隔离系统并使其处于“ON”位置，这时XV7546、XV7547显示为绿色；打开闭锁料斗D757底切断阀0418V08；

（157）按下CRCS催化剂流动按钮开关至“ON”位置，XV7550被打开，催化剂开始循环流动；

（158）将再生催化剂二次提升气流量FIC7541设为自动控制，串级至提升线差压PDIC7541；

（159）将提升线差压PDIC7541串级至催化剂的流量设定控制器HIC7529，给定值为0.5，目的是设定50%的循环速率；

（160）在DCS界面的“再生开关”中，打开CRCS空气总阀XV7534，催化剂进行黑烧，打开阀0413V05；

（161）手动打开FIC7524，根据烧焦峰温，缓慢增加上部空气量，同时观察燃烧区氧含量AIC7502，氧含量AIC7502不要超过1.0%；

（162）当烧焦平稳确认黑烧可以转为白烧条件后，打开AIC7502B，使过剩空气排放量FI7537等于FI7527；

（163）在DCS界面的“再生开关”中，打开XV7535，关闭XV7536；

（164）手动依次调小AIC7502B和FIC7524的流量，使进入氯化区空气量FI7526等于FIC7524减少量；

（165）最后关闭FIC7524，使进入氯化区空气量FI7526等于FIC7524原先烧焦空气量；

（166）白烧平稳后，将AIC7502B设为自动控制，打开0415V01，投用注氯加热器；

（167）打开G752A出入口阀，按下XV7539的“开”按钮，启动泵G752，催化剂开始注氯；

（168）停止重整注氯泵G706。

任务三　连续重整装置的正常停工过程

（1）在 DCS 界面的“再生开关”中，按下再生器运行开关按钮“STOP”，停止催化剂流动；

（2）重整降温降量，以 15～30℃/h 的速度，将重整各反应器入口温度 TIC7003、TIC7005、TIC7001 和 TIC7007 降至 482℃（随时调整燃料气火嘴，注意主燃料气的压力，避免引起低低连锁停炉）；

（3）打开 0213V06 和 0317V04，关闭 0317V06，重整汽油改走不合格线出装置；

（4）逐渐将重整进料量 FICQ7002 降至 85t/h，在降量过程中要遵循先降温、后降量的原则；

（5）在降温的同时，若产汽系统温度 TI7902 低于 389℃，打开 0004V09，关闭 0004V10，将蒸汽脱网改就地放空；

（6）重整降温降量，预加氢进料 FIC6003_ V，同时降至 100t/h；

（7）继续降温，将各反应器入口温度 TIC7003、TIC7005、TIC7001 和 TIC7007LIC 降至 455℃；

（8）当各反应器入口温度降至 455℃时，关闭 FIC7002，切断重整进料；

（9）在模拟现场“0309”中停注硫泵 G707A；

（10）当关闭重整进料 FICQ7002 后，关闭 C602 进料阀门 FIC6009；

（11）关闭 D607 底轻石出装置 FIC6016，以 C602 单塔循环，FX603 以 30℃/h 的速度降温；

（12）当预加氢进料 FIC6003 降至 100t/h 时，关闭 FIC6003，预加氢系统循环降温（随时调整燃料气火嘴，注意主燃料气的压力，避免引起低低连锁停炉）；

（13）停止 G601；联系罐区，停止 G609；关闭 C601 进料 LIC6005；

（14）关闭 FIC6012，以 C601 单塔循环，FX602 以 30℃/h 的速度降温；

（15）以 15℃/h～30℃/h 的降温速度，将 FX601 出口温度 TIC6004 降至 260℃；

（16）重整切断进料后，重整产氢经 EX704 旁路出装置，停止 K703；

（17）重整切断进料后，在 455℃热氢带油时，打开 0311V03，关闭 0311V05，将 D701 底油改去 C701；

（18）在 DCS 上控制 LIC7001_ P，把 D701 液面降至 10%时，停止 G701，关闭 LV7001 和 0311V03；

（19）重整切断进料后，在 D701 压力下降，没有外送氢气出装置后，在现场站“K702 辅助系统及操作面板”上，单击“现场紧急手动停车”，停 K702；

（20）把 PIC7006 改为手动控制，关闭 PIC7006 氢气停止出装置；

（21）在联锁“高低压防喘振控制”中，从“半自动”切换到“手动”，把“手动输出”给定为 0，关 FV7012AB 和 FV7013AB，保持 D702 和 D703 压力；

（22）当 D703 液面 LIC7003 降到 10% 以下时，关闭 LIC7003；

（23）当 D702 液面 LIC7002 降到 10% 以下时，停 G702，关闭 LIC7002；

（24）关闭 FICQ7007，C701 单塔循环，FX705 以 30℃/h 的速度降温；

（25）当 FX602 出口温度 TIC6028 降到 100℃时，关闭 FIC6024、燃料气阀门和长明灯阀门，熄灭加热炉；

（26）当 FX603 出口温度 TIC6034 降到 100℃时，关闭 FIC6027、燃料气阀门和长明灯阀门，熄灭加热炉；

（27）当 FX705 出口温度 TIC7048 降到 100℃时，关闭 FIC7047、燃料气阀门和长明灯阀门，熄灭加热炉；

（28）继续降低 FX601 出口温度 TIC6004，直到炉膛温度 TI6040AB 降至 250℃，关闭 FIC6022、燃料气阀门和长明灯阀门，熄灭加热炉；

（29）当预加氢反应器床层温度 TI6008A ~ TI6008I 最高温度降至 60℃以下时，按规程现场站停 K601，停止气体循环；

（30）当各反应器入口温度降至 455℃时，逐渐将各反应器入口温度 TIC7003、TIC7005、TIC7001 和 TIC7007LIC 降至 400℃；

（31）当反应器入口温度降至 400℃时，关闭 FIC7018、燃料气阀门和长明灯阀门，将 FX701 熄火；

（32）关闭 FIC7017、FIC7019 和 FIC7020，关闭燃料气阀门和长明灯阀门，将 FX702 ~ FX704 熄火；

（33）K701 继续循环运行降温，直到各反应器出口的最高温度冷却至 55℃；

（34）当反应器出口温度降至 55℃后，在现场模拟界面的“K701 辅助系统及操作面板”上，单击“现场紧急手动停车”按钮，停 K701；

任务四　连续重整装置事故

连续重整装置事故可分为全厂故障和特殊事故，见表 5 - 2 和表 5 - 3。

表5－2　全厂故障

事故内容	事故引起的现象及应对措施
MF001—全装置停电	装置的所有用电设备均停止运转
MF002－装置停中压蒸汽	装置的中压蒸汽用户停止蒸汽供应
MF003－装置停冷却水	装置的所有用冷却水的换热器停止换热
MF004－装置停低压蒸汽	装置的低压蒸汽用户停止蒸汽供应
MF005－装置停燃料气	装置的加热炉停止加热，装置停车处理

表5－3　特殊事故

事故内容	事故引起现象及应对措施
MF601－G601A 泵坏	A 泵停止运转，启用 B 泵
MF602－K601 故障停	预加氢循环氢和补充氢压缩机因故障停止转动
MF603－原料油短时间中断	G609 抽空，D601 液位下降
MF604－G605A 泵坏	A 泵停止运转，启用 B 泵，重整进料中断
MF701－反应器法兰泄漏	重整系统压力下降
MF702－K701 故障停	重整循环氢压缩机停止转动
MF703－K702 故障停	重整增压机停止转动
MF704－K702 防喘振阀打开	PV7003 根据压力状况打开放空，PV7006 关闭，中断供氢
MF705－FX702 炉管破裂	重整系统压力下降
MF862－G861A 坏	A 泵停止运转，启用 B 泵，D861 液位下降
MF863－G862A 坏	A 泵停止运转，启用 B 泵，重整进料中断，四合一炉熄火

【项目测评】

一、判断题

1. 反应压力增大不利于芳构化反应。（　　）
2. 实际生产中反应压力不作为调节手段。（　　）
3. 提高氢油比可以减少焦炭的生成，延长催化剂的使用寿命。（　　）
4. 提高氢油比有利于降低操作费用和提高装置处理能力。（　　）
5. 在催化重整过程中注入大量的氢气是为了抑制焦炭的生成。（　　）
6. 重整催化剂失去活性的原因是原料油中砷、铅、钒、硫、氮、氧等杂质含量太大。（　　）

7. 铂重整以生产汽油为目的时不用设抽提塔。（　）

8. 在重整过程中，裂化反应也是人们所希望的反应。（　）

9. 催化重整催化剂的金属组分铂具有加氢脱氢功能。（　）

10. 催化重整催化剂载体能更有效地发挥金属铂的活性催化作用。（　）

二、名词解释

1. 吸收塔　2. 催化剂稳定性　3. 芳烃潜含量　4. 重整转化率（芳烃转化率）

三、简答题

1. 简述芳烃抽提原理。

2. 催化重整的操作参数有哪些？其对重整过程有何影响？

3. 重整装置中各重整反应器的催化剂装入量有何特点？

4. 重整催化剂为什么要有双重功能性质？由什么组分来保证实现？

5. 金属组分、卤素含量和担体对重整催化剂有什么影响？这三种组分又有什么作用？

6. 哪些元素可使铂重整催化剂中毒？为什么会中毒（说明4~5种元素）？

7. 简述催化剂的活性、选择性、稳定性、再生性。

8. 什么是催化剂的失活和中毒？重整催化剂失活的原因有哪些？什么是水氯平衡？

9. 为什么要对原料进行预处理？其包括哪些内容？

10. 在重整过程中，循环氢有哪些作用？

四、实操训练

1. 预加氢出口温度控制。

2. 重整一反应器出口温度控制。

3. D702 液面 LIC7002 的控制。

4. 装置停低压蒸汽操作。

5. MF602 – K601 故障分析与处理。

项目六

催化裂化装置仿真

[学习目标]

<table>
<tr><td colspan="2">总体技能目标</td><td>能够根据生产要求正确分析工艺条件；能对本工段的开停工、生产事故处理等仿真进行正确的操作，具备岗位操作的基本技能；能初步优化生产工艺过程</td></tr>
<tr><td rowspan="3">具体目标</td><td>能力目标</td><td>（1）能根据生产任务查阅相关书籍与文献资料；
（2）能正确选择工艺参数，具备在操作过程中调节工艺参数的能力；
（3）能对本工段开车、停车、事故处理仿真进行正确的操作；
（4）能对生产中的异常现象进行正确的分析、诊断，具有事故判断与处理的能力</td></tr>
<tr><td>知识目标</td><td>（1）掌握催化裂化工艺的原理及工艺过程；
（2）掌握催化裂化工艺主要设备的工作原理与结构组成；
（3）熟悉工艺参数对生产操作过程的影响，会正确选择工艺条件</td></tr>
<tr><td>素质目标</td><td>（1）学生应具备化工生产规范操作意识、判断力和紧急应变能力；
（2）学生应具备综合分析问题和解决问题的能力；
（3）学生应具备职业素养、安全生产意识、环境保护意识及经济意识</td></tr>
</table>

任务一　催化裂化装置概况

石油炼制工业是国民经济的重要支柱产业，其产品被广泛应用于工业、农业、交通运输和国防建设等领域。催化裂化是石油二次加工的主要方法之一，其是指在高温和催化剂的作用下使重质油发生裂化反应从而转变为裂化气、汽油和柴油等的过程，主要反应有分解、异构化、氢转移、芳构化、缩合、生焦等。与热裂化相比，其轻质油产率高，汽油辛烷值高，柴油安定性较好，并副产富含烯烃的液化气。近几年来，分子筛裂化催化剂采用硅溶胶或铝溶胶等黏结剂，把分子筛、高岭土黏结在一起，制成高密度、高强度的新一代半合成分子筛催化剂，所用分子筛除稀土－y 型分子筛外，还有超稳氢－y 型分子筛等。催化裂化装置通常由三大部分组成，即反应－再生系统、分馏系统和吸收稳定系统。其中反应－再生系统是全装置的核心。

一、催化裂化装置的工艺流程

催化裂化装置的工艺流程示意如图 6－1 所示。

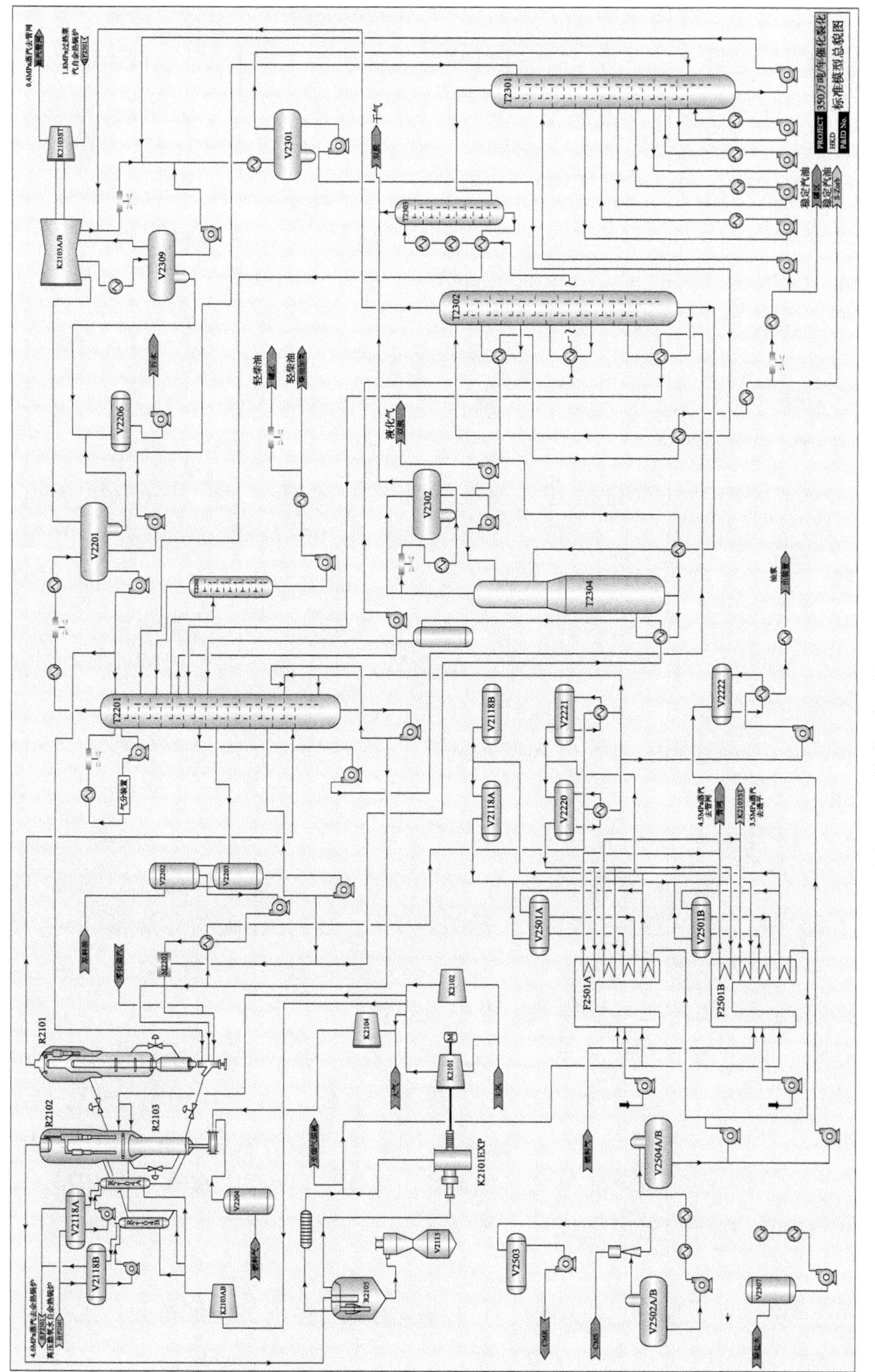

图 6-1　催化裂化装置的工艺流程示意

1. 反应再生部分

本装置的原料在正常操作时由加氢处理装置来料（180℃）至原料缓冲罐（V－2202），后用提升管进料泵（P－2201A/B）抽出，与油浆换热升温到200℃，进入到提升管底部进料喷嘴。原料油与雾化蒸汽在原料喷嘴混合后，经过原料喷嘴喷出与再生器来的高温再生催化剂（690℃～700℃）接触，立即在提升管第一反应区汽化，在较高的反应温度和较大剂油比的条件下，裂解成轻质产品（干气、液化气、汽油、轻柴油）。专门设计的原料注入系统保证了原料转化成轻质油的最高转化率，最大限度地减少了焦炭的生成。反应产生油气携带催化剂通过提升管向上流动至第二反应区，在较低反应温度和较长反应时间的条件下，主要是增加氢转移反应和异构化反应。

经过第二反应区后，反应油气携带催化剂经过提升管出口旋流式快速分离器（VQS），分离出的大部分催化剂流入汽提段。带有少量催化剂的油气经封闭罩上部的升气管直接进入顶旋风分离器进一步分离，分离出来的油气去分馏塔，回收下来的小部分催化剂经料腿和翼阀落入沉降器后再流入汽提段。在汽提段不同部位送入蒸汽，使沉积有焦炭并吸附一定量油气的催化剂与蒸汽逆流接触，除去催化剂所吸附和夹带的油气。经水蒸气汽提后的催化剂分为两路：小部分待生催化剂通过 MIP 待生循环斜管返回至第二反应区；大部分待生催化剂在汽提段经水蒸气汽提，除去所吸附和夹带的油气后从汽提段下部通过待生斜管进入第一再生器进行烧焦。汽提段料位由待生滑阀控制。

第一段再生是在比较缓和条件下操作，CO 部分燃烧，操作压力为0.39MPa（绝）左右，温度为680℃～690℃，在床层中烧掉焦炭中的部分碳和绝大部分氢，烧炭的多少可视进料的轻重不同而异，碳的燃烧量和再生器温度由第一段再生器的风量控制，以便获得灵活的操作条件，烧焦用的空气分别由过剩氧较高的二再烟气和一再主风提供。

从第一再生器中出来的半再生催化剂，经半再生斜管、半再生滑阀进入第二再生器下部，并均匀地分布。第二再生器在压力为0.42MPa（绝），温度为690 ℃～700 ℃时操作。催化剂上剩余的碳用过量的氧全部生成 CO_2，由于在一段再生器中烧掉绝大部分氢从而降低了二段再生器中水蒸气分压使二段再生器可以在更高的温度下操作，而不会造成催化剂水热失活，二再烟气由顶部进入第一再生器。

来自第一再生器的含 CO 且具有较高压力的高温烟气在烟道中与部分主风混合燃烧，将温度提高到约700℃后，进入到三级旋风分离器（R－2105），从中分离出大部分细粉催化剂，使进入烟气轮机的烟气中催化剂含量降到 0.2g/m^3 以下，大于 10μm 的催化剂颗粒基本除去，以保证烟气轮机叶片长期正常运转。

净化了的烟气从三级旋风分离器出来分为两路：一路经切断蝶阀和调节蝶阀轴向进入烟气轮机膨胀做功，驱动主风机回收烟气中的压力能，做功后的烟气进入焚烧式 CO 余热锅炉回收烟气的潜热和显热，发生中压蒸汽；另一路为烟气经焚烧式 CO 余热锅炉后进入再生烟气脱硫脱氮系统进行脱硫、脱氮和脱粉尘操作，从而满足烟气排放要求。

从三级旋风分离器分离出来的催化剂细粉主要是小于 30μm 的，同时还夹带有少量的烟气，催化剂细粉及夹带的少量烟气进入第四级旋风分离器进一步分离，从四旋底部排出的催化剂细粉连续排入细粉收集罐，在细粉收集罐出口管线上装有气动滑阀，以控制收集罐料位，将催化剂排入细粉储罐。烟气自四旋顶部分出，经临界流速喷嘴排入降压孔板后烟道。

第二再生器除空气分布器和再生催化剂溢流斗外，基本上无任何内部构件，结构比较简单。热的再生催化剂从第二段再生器溢流斗流出进入再生斜管，经再生滑阀进入提升管底部，实现催化剂的连续循环。

为维持两器热平衡，增加操作的灵活性，在第一再生器旁设置可调热量的外取热器两台，由第一再生器床层引出高温催化剂（680℃～690℃）流入外取热器（R－2104A/B）后，自上而下流动，取热管浸没于流化床内，取热器通入流化空气，以维持良好的流化，造成流化床催化剂对取热管的良好传热，经换热后催化剂温降 100℃～150℃。一台外取热器的催化剂换热后通过外取热下斜管及下滑阀进入第二再生器密相床，另一台外取热器的催化剂用空气提升返回到第一再生器。外取热器用的脱氧水来自 CO 锅炉，进入汽包（V－2118A/B），与外取热器换热出来的汽－水混合物混合，传热并将进行汽—液分离后产生的中压饱和蒸汽送至 CO 锅炉过热。

汽包里饱和水由循环热水泵（P－2103A～P－2103D）抽出，形成强制循环，进入外取热器取热管。

第一再生器的操作压力由三旋后的烟气双动滑阀或烟机入口调节蝶阀控制。反应温度由再生滑阀控制。待生催化剂滑阀用来控制汽提段催化剂料位，要求最低料位以保证良好的汽提，同时也要防止料位过高，以免催化剂从料腿中重新被携带。

一再床层料位由半再生滑阀来控制，床层料位应维持在不使待生催化剂分布器浸没在床层中，且使旋风分离器料腿有合适的料封。二再料位不加控制，但在严密的监测中。

第一再生器温度由调节一再分布环的风量来控制或调节外取热器的取热量来控制。

第二再生器温度可通过调节外取热器下滑阀的开度或调节外取热器的流风量来调整取热量，使进入外取热器的半再生催化剂流量或温度变化，从而控制二再温度。

开工用新鲜及平衡催化剂用压缩空气送入新鲜催化剂储罐和平衡催化剂储罐，再用非净化风输送至第二再生器，为保持催化剂的高活性，需从第二再生器定期卸出催化剂至废催化剂罐，而正常补充催化剂时可使用小型自动加料器，用净化风送到第二再生器。

由反应沉降器出来的反应油气进入分馏塔（T－2201）。

2. 分馏部分

分馏塔（T－2201）共32层塔盘，采用29层固舌，3层固阀。塔底部装有10层人字挡板。来自沉降器的高温油气进入分馏塔人字挡板底部，与人字挡板顶部返回的275℃循环油浆逆流接触，油气自下而上被冷却洗涤。油气经分馏后得到气体、粗汽油、轻柴油、油浆。为提供足够的内部回流和使塔的负荷分配均匀，分馏塔分设五个循环回流。

分馏塔顶压力为0.21MPa（g），温度约为120℃，油气自分馏塔顶馏出，与换热水（E－2202/A～E－2202J）换热至91.5℃，然后进入空气冷却器（A－2201/A～A－2201T）冷却至55℃，再进入分馏塔顶后冷器（E－2215/A～E－2215J）冷却至40℃后，进入分馏塔顶油气分离器（V－2201）分离。V－2201中的不凝气进入富气压缩机（K－2301）。冷凝的粗汽油分为两部分：一部分用泵（P－2202A/B）加压后送往吸收稳定部分的吸收塔顶部；另一部分用泵（P－2218A/B）加压后送回分馏塔第32层塔盘作为冷回流。分出的污水由污水汽提装置处理。

轻柴油由分馏塔T－2201第17层板自动流入轻柴油汽提塔（T－2202），用水蒸气汽提后，由泵P－2204A/B抽出，被送至E－2204与除盐水换热至90℃后去柴油加氢装置进一步处理，或继续经空冷器（A－2203A/B）冷却到55℃后被送往罐区。分馏塔建立的五个循环回流为顶循环回流、贫吸收油循环回流、一中段回流、二中段回流和油浆循环回流。

（1）顶循环回流用分馏塔顶循环回流泵（P－2203A/B）由分馏塔第29层的集油箱抽出，去气分装置作热源后进入E－2214/A～E－2214/D与除盐水换热冷却至约80℃返回分馏塔第32层塔盘。

（2）贫吸收油从T－2201第17层由贫吸收油泵（P－2205A/B）抽出，首先作为脱吸塔底重沸器（E－2301B）热源，然后再与富吸收油（E－205A/

B）换热，之后进入贫吸收油－除盐水换热器（E－2213），最后经贫吸收油冷却器（E－2216A/B）冷却至40℃后作为再吸收剂送到再吸收塔。富吸收油与贫吸收油经E－205A/B换热至约120℃后返回分馏塔第22层塔盘。

（3）一中回流由泵P－2206A/B从分馏塔第13层塔盘的集油箱抽出，先做脱吸塔底重沸器（E－301A）热源，然后再与除盐水（E－2206）换热降至160℃，返回分馏塔第16层塔盘。开工时可由水箱冷却器（E－2208）将一中回流冷却至160℃后再返回分馏塔第16层塔盘。

（4）二中回流从分馏塔第3层塔盘的集油箱上自流至回炼油罐（V－2203），然后用回炼油泵（P－2207A/B）抽出。可分为三部分：第一部分作为内回流，返回分馏塔第2层塔盘上；第二部分作为二中回流，作稳定塔底重沸器（E－2304/1－2）热源，温度降为250℃左右返回分馏塔第5层塔盘；第三部分作为回炼油并被送入提升管。

（5）循环油浆由油浆泵（P－2208A/B）从分馏塔底被抽出，其中一小部分油浆直接返回提升管回炼，大部分进原料－油浆换热器（E－2201A/B），与原料换热后，再进油浆蒸汽发生器（E－2207A～D），发生4.3MPa（g）中压饱和蒸汽后，温度降为275℃。该部分油浆分为三部分：第一部分返回人字挡板上部；第二部分返回人字挡板下部，为提高人字挡板对催化剂的洗涤作用，设置油浆热回流直接返回一层板下；第三部分经外甩油浆泵（P－2208C/D）加压后，通过外甩油浆通过油浆蒸汽发生器发生0.4MPa（g）低低压饱和蒸汽后温度降为180℃，经油浆冷却器冷却至120℃出装置。

本装置根据生产和节能的需要，设置有换热水系统（与气分热联合）。换热水从换热水罐（V－2208）经泵（P－2212A/B）被抽出，与分馏塔顶油气换热至约89℃作为气分热源，然后返回热水罐V－2208，循环使用。另外，本装置的部分过剩热量，如顶循环回流、贫吸收油、稳定汽油和一中回流用于加热装置除盐水，除盐水由系统送入装置内的除盐水罐（V－2307），经除盐水泵（P－2214A/B）加压后，经贫吸收油除盐水换热器（E－2213）和轻柴油除盐水（E－2204）换热至60℃送入热工系统真空除氧器除氧。除氧后的一级除氧水再经顶循环除盐水换热器（E－2214A～E－2214D）与分馏一中除盐水换热器（E－2206）换热至约110℃，再经热工系统压力除氧器除氧，经过两级除氧后的除氧水被送入装置内各蒸汽发生器。

3. 吸收稳定部分

从分馏部分（V－2201）出来的富气被压缩机压缩至1.5MPa（g）。压缩气体与脱吸塔顶气体混合后经空冷器（A－2301A～A－2301D）冷却，再与饱和吸收油及由气压机级间凝液泵抽气压机一级出口气液分离罐来的凝缩油混合，用气压机出口后冷器（E－2309A～E－2309H）冷凝冷却到40℃后，进入气压机出口的油气分离器（V－2301），分离出富气和凝缩油。为了防止设备腐蚀，在A－2301A～A－2301D前注入净化水洗涤。为节省洗涤水的用量，须从油气分离器（V－2301）排出污水自压至分馏塔顶作二次注水洗涤，再进入V－2206，脱除水中溶解的轻烃，并将之送至污水汽提装置处理。

吸收塔（T－2301）的操作压力为1.4MPa（g），从V－2301来的富气进入吸收塔下部，从分馏部分来的粗汽油以及作为补充吸收剂的稳定汽油分别由第36层和第41层吸收塔打入，与气体逆流接触。为取走吸收过程中放出的热量，在吸收塔中部设有四个中段回流，分别从第11层、第18层、第26层、第32层用泵（P－2302A～P－2302D）抽出经水冷器（E－2306A～E－2306H）冷却，然后返回塔的第10层、第17层、第25层、第31层塔盘，吸收塔底的饱和吸收油，用吸收塔底泵（P－2303A/B）将之送到E－2309A～E－2309H与压缩富气混合。

从吸收塔顶出来的贫气进入再吸收塔（T－2303）底部，与作为贫吸收油的轻柴油逆流接触，以吸收贫气中携带的汽油组分，从再吸收塔顶排出的干气进入干气分液罐（V－2310）分液后被送至双脱部分，塔底富吸收油经换热至约120℃返回分馏塔。

自V－2301出来的凝缩油经泵（P－2301A/B）加压后，与稳定汽油换热（E－2302A/B）到60℃，进入脱吸塔（T－2302）上部，脱吸塔底重沸器分别由分馏塔一中回流及贫吸收油供热；脱吸塔中间重沸器由稳定汽油供热；脱吸塔顶气体至A－2301A～A－2301D与压缩富气混合。

而脱吸塔（T－2302）塔底的脱乙烷汽油与稳定汽油换热（E－2303A～E－2303D）至145℃进入稳定塔（T－2304）。稳定塔塔底重沸器由分馏二中回流供热。^4C及^4C以下的轻组分从T－2304顶馏出，经空冷器（A－2303A～A－2303R）冷凝冷却到50 ℃，再经冷凝冷却器（E－2310A～E－2310D）冷却至40℃进入稳定塔顶回流罐（V－2302），液化气一部分用泵（P－2305A/B）加压后为塔顶回流，另一部分用泵（P－2312A/B）加压后送往双脱部分进一步精制。塔底的稳定汽油分别与脱乙烷汽油、脱吸塔中间重沸器、凝缩油及除盐水换热至70℃后，分两部分：一部分作为稳定汽油去汽油脱硫装置进行脱硫；另一部分再用空冷器（A－2302A～A－2302D）冷却，经后冷器（E－2308A/B）冷却至40℃，用泵（P－2304A/B）打入塔（T－2301）顶作为补充吸收剂。

4. 能量回收部分

来自再生器的具有较高压力的700 ℃的高温烟气，经烟道首先进入三级旋风分离器（R-2105），从中分离出大部分细粉催化剂，使进入烟气轮机的烟气中的催化剂含量降到0.2 g/m³ 以下；大于10μm 的催化剂颗粒基本被除去，以保证烟气轮机叶片长期运转。经过净化的烟气从三级旋风分离器出来分为两路：一路经切断蝶阀和调节蝶阀轴向进入烟气轮机膨胀做功，驱动主风机回收烟气中的压力能，做功后的烟气［压力从0.363MPa（绝）降至约8kPa（g），温度由685℃降至约509℃］经水封罐与另一旁路的经双动滑阀调节放空的烟气汇合后，进入CO焚烧锅炉回收烟气显热和潜热，发生3.8MPa（g）等级中压蒸汽，并过热3.8MPa（g）和4.3MPa（g）两个等级的中压蒸汽至380℃。烟气经CO焚烧锅炉后温度降至约160℃，之后进入烟气脱硫脱氮系统。在烟气轮机前的水平管道上装有高温切断蝶阀及高温调节蝶阀，高温切断蝶阀是在事故状态下作紧急切断烟气之用。从三级旋风分离器出来夹带有3%～5%烟气的催化剂细粉进入四级旋风分离器，将烟气与催化剂细粉进一步分离，分离出的催化剂细粉连续排入细粉收集罐，然后排入细粉储罐，设计考虑在细粉储罐下方将催化剂装车外运，或回收一部分催化剂以增加事故处理手段。装置的工艺流程如图6-1所示。

二、催化裂化装置的稳态操作指标

催化裂化装置的稳态操作指标见表6-1。

表6-1　催化裂化装置的稳态操作指标

DCS点	描述	稳态值	单位	报警值			
				高高(HH)	高(H)	低(L)	低低(LL)
LIC10403	外取热器A汽包液位	50	%	—	—	—	5
LIC10503	外取热器B汽包液位	50	%	—	—	—	5
FI10404	外取热器A循环热水流量	1 525	t/h	—	—	—	370
FI10504	外取热器B循环热水流量	1 525	t/h	—	—	—	370
FIC10304	一再大环主风流量	2 000	Nm³/min	—	—	—	770
FI10307	二再大环主风流量	2 228	Nm³/min	—	—	—	770

续表

DCS 点	描述	稳态值	单位	报警值			
				高高(HH)	高(H)	低(L)	低低(LL)
LI50401	余热锅炉汽包 A 液位	50	%	80	70	43.2	5
TIC50707	余热锅炉 A 炉膛温度	830	℃	900	870	—	—
PI50702	余热锅炉 A 燃料气压力	0.146	MPa(g)	—	—	0.05	—
PI50403	余热锅炉 A 汽包压力	4.35	MPa(g)	4.6	4.4	—	—
PI50406	余热锅炉 A 汽包压力	4.35	MPa(g)	4.6	4.4	—	—
PI50407	余热锅炉 A 汽包压力	4.35	MPa(g)	4.6	4.4	—	—
LI50501	余热锅炉汽包 B 液位	50	%	80	70	43.2	5
TIC50708	余热锅炉 B 炉膛温度	830	℃	900	870	—	—
PI50704	余热锅炉 B 燃料气压力	0.146	MPa(g)	—	—	0.05	—
PI50503	余热锅炉 A 汽包压力	4.35	MPa(g)	4.6	4.4	—	—
PI50506	余热锅炉 A 汽包压力	4.35	MPa(g)	4.6	4.4	—	—
PI50507	余热锅炉 A 汽包压力	4.35	MPa(g)	4.6	4.4	—	—
PI50306	高压给水泵 P2501A/B/C 出口压力	6.12	MPa(g)	—	—	—	5.45
PI50307	高压给水泵 P2501A/B/C 出口压力	6.12	MPa(g)	—	—	—	5.45
PI50303	除氧水泵 P2502A/B 出口压力	0.887	MPa(g)	—	—	—	0.85

任务二　催化裂化装置的冷态开车过程

1. 向储罐 V2102 装入催化剂

（1）打开催化剂储罐 V2102 阀 106V41、106V43 和蒸汽阀 106V33；

（2）打开气体阀 106V30、106V27，打开输送风将催化剂加进 V2101、106V01 和 106V39 内；

（3）打开催化剂边界阀 106V44，在 V2102 罐内建料位，大约为 70%；

（4）关闭催化剂边界阀 106V44 和催化剂储罐 V2102 的阀 106V43 和 106V41；

（5）关闭 V2102 的气相阀 106V30 和 106V27，关闭蒸汽阀 106V33；

（6）V2102 锥体给松动风打开 106V21 和 106V22；

（7）打开阀 106V02，使 V2102 充压，打开 106V37，控制 PV10601 压力为 0.4MPa。

2. 开备用主风机

（1）进入备用主风机 ITCC 的“停机联锁”界面，将“备主风机组主电机事故跳闸”设为旁路；

（2）将“备风机逆流至联锁”设为旁路；将“备风机组上位手动联锁复位”设为复位；

（3）进入备用风机“安全运行”界面，将“切断主风自保”设为旁路；

（4）将“备机逆流至安全运行”设为旁路，将“备风机组上位手动安全运行复位”设为复位；

（5）将一二再主风低流量自保设为旁路；

（6）进入“喘振画面”界面，将“喘振控制方式”设为半自动，“手动输出”为 100%；

（7）将备用风机静叶角度手动设置为 0（FIC11601/OP =0），现场启动盘车电动机；

（8）进入“启动条件”界面，确认备机启动条件已设为自动，单击“备风机允许启动确认”按钮，允许启动电动机；

（9）现场启动备机电动机，然后关闭盘车电动机；

（10）进入“自动操作”界面，单击“备风机组上位手动投自动操作”按钮设为自动；

（11）单击此画面复位按钮，切至复位，备风机逆止阀解锁；

（12）缓慢开大静叶开度，即 FIC11601 开大到 30%；

（13）进入“停机联锁”界面，将“备主风机组主电机事故跳闸”设为自动；

（14）待操作稳定后，将“备风机逆流至联锁”设为自动；

（15）进入“安全运行”界面，将“备机逆流至安全运行”设为自动；

（16）缓慢开大静叶开度，即 FIC11601 开大到 55%；

（17）关小“防喘振阀”，将机出口压力 PI11606 降至 0.26MPa。

3. 封油罐收油

（1）打开开工柴油进出装置阀（208V03），使其开度 >0.5；

（2）打开开工柴油去封油罐 V2205 阀（208V05，208V06），封油罐收油；

（3）在封油罐 V2205 液位达 50% 后，停止收油并关闭阀 208V03、208V05 和 208V06；

（4）控制封油罐 V2205，使 PIC30502A/B 的压力控制为 0.35MPa；

（5）打开阀 305V02，投用循环水阀 305V01，启动 P2209A，将 PIC30501 的压力控制在 2MPa 左右，封油自循环。

4. 建立循环热水流程

（1）打开阀 LIC31003，给换热水罐 V2208 注水；

（2）待液位 LIC31003 达到 50% 左右，启动 P2212A，开流量控制阀 FIC31003（设定液体流量为 1700t/h，并设为自动控制），打开 310V03、310V04、310V08、310V06 和 310V02；

（3）投用 310V09、310V07 和 310V05，循环热水流程建立完成；

（4）将 D2208 罐顶压力 PIC31002A/B 设为 0.14MPa 并设为自动控制。

5. 三路循环

（1）打开 RDS 原料进装置阀；使 V2202 液位大于 60%；

（2）打开 E-2201A/B 壳程入口阀；将 TIC20901 手动控制为 100%；

（3）解除提升管进料联锁阀 UV10002，打开 100V29、100V28、100V30 和 202V03；启动 P2201；

（4）调节提升管进料流量控制阀 FIC10002A.D，调节补油线进 V2202 的电磁阀 HC20204 和 V2203 的电磁阀 HC20205 的开度，使两个液位保持平稳；

（5）V2203 液位大于 60% 时，在模拟现场打开 SV2203，启动 P2207A，打开 201V10 和 202V02；

（6）将 TIC30313A/B 设为 170℃ 和自动控制，打开 FIC20107；

（7）打开开工循环线阀 210V01，启动 P2208A；

（8）依次打开 E-2201A 管程的入口阀 209V01 和 209V02、E-2214AB 管程的入口阀 204V02、E-2214CD 管程的入口阀 204V01、换热器出口阀

204V05、201V12、201V14 和 202V02，调节油浆上、下返塔流量控制 FIC20103 和 FIC20104，完成油浆循环；

（9）当 V2202、V2203 液位大于 60% 时，关闭原料进装置阀。

6. 引 4.3MPa 蒸汽倒加热

（1）依次开阀 PIC30703、508MOV04、PV20402、20404、204V10 到 V13；

（2）打开 504MOV05 和 504MOV06；

（3）控制原料油的预热温度 TIC20901 为 180℃。

7. 稳定系统收汽油

（1）确认辅操台 1：将补充吸收剂泵入口紧急切断阀切至正常，打开开工汽油入口阀 303V12（303V12. OP >0.5），全开 303V10，现场开 SV2307；

（2）启动 P2304A，打开流量控制阀 FIC30301 和 FIC30203，向吸收塔 T2301 收汽油；

（3）待 T2301 液面 LIC30201 达到 50% 左右，启动 P2303A，打开阀 301V25、301V26、301V27、301V28，向 V2301 罐收油，开流量控制阀 FIC30207；

（4）待 V2301 液面 LIC30101 达到 50% 左右，启动 P2301A（前后截止阀为 301V02、301V04），向 T2302 收油，开流量控制阀 FIC30101；

（5）待 T2302 液面 LIC30202 达到 50% 左右，启动 P2301B（前后截止阀为 301V07 和 301V09），向 T2304 收油，打开 301V01 和流量控制阀 FIC30304；

（6）待 T2304 液面达到 50% 左右，依次打开 303V01、303V02、303V07 和 303V08；

（7）待三塔液位稳定后，停止收汽油，关闭阀 303V12，全关 FIC30301，建立三塔循环；

（8）给稳定塔充压，打开阀 303V13，将整个系统压力 PIC30401 维持在 0.4 ~0.5MPa；

（9）待整个系统压力维持在 0.4 ~0.5MPa 压力后，关闭阀 303V13；

（10）待三塔循环稳定后，投用 T2301 中间循环回流。

8. 粗汽油罐引汽油

（1）打开 303V12、303V14、208V25 和 208V24，向 V2201 罐收油；

（2）待 V2201 罐液位 LIC20801 达到 50% 左右，关闭阀 303V12、303V14 和 208V25。

9. 反应再生气密

（1）全开再生滑阀 TIC10101 和 PDIC10321，待生滑阀 LIC10201 和

PDIC10207，MIP 循环滑阀 PDIC10210 和 LIC10203，全开半再生滑阀 PDIC10316 和 LIC10301；

（2）将外取热器下滑阀 HV10401 及 HV10501 联锁解除，全开 HC10401 和 HC10501；

（3）依次全开提升管底部放空阀 101V06、沉降器顶部放空阀 102V04、外取热器 A 顶部放空阀 104V05、外取热器 B 顶部放空阀 105V05、循环斜管底部放空阀 105V06；

（4）全开双动滑阀 HC10701AB；

（5）投用烟机出口水封罐，并投用烟气放空水封罐 D2116；

（6）打通烟气至余热锅炉流程，即全开 HC50701AB；

（7）进入辅操台，将一二再大环主风流量低低低低联锁切为旁路，“切断主风”复位；

（8）开电磁阀 HIC11601，引风进反应再生气密，慢慢打开 FIC10304 和 FIC10305；

（9）开始气密试验，提高备用主风机 FIC11601 的风量，逐渐将备机防喘振控制手动输出至 0；

（10）关闭沉降器顶部放空阀 102V04，提升管底放空阀 101V06；

（11）开始反应再生气密，控制 PIC10301 的压力维持在 0.2MPa 左右；

（12）气密结束后，打开沉降器顶放空阀 102V04 和提升管底部放空阀 101V06，调整双动滑阀开度 HC10701A/B，控制两器压力 PIC10301 为 0.1 ~ 0.15MPa；

（13）气密结束可适时操作“十一，辅助燃烧室点火反再升温过程”，使两器升温 150℃。

10. 分馏塔赶空气

（1）打开分馏塔顶放空阀 201V08；

（2）塔底给搅拌蒸汽 FIC20108，汽提塔给气 FIC20501，赶分馏塔内空气；

（3）赶净空气后，降低各蒸汽量 FIC20108 和 FIC20501，并缓慢关闭塔顶放空阀 201V08，保证分馏塔压力 PI20101 微正压（0.005 ~ 0.01MPa）；

（4）待分馏塔拆大盲板之后，提高蒸汽量，再赶空气，待沉降器放空阀关闭之后，再关分馏塔顶放空阀，打开分顶蝶阀并控制沉降器压力为 0.9MPa。

11. 辅助燃烧室点火，反再升温过程

（1）向 V2204 罐引瓦斯，即全开 PV30801；

（2）打开备机放空阀，即“喘振画面”中手动输出慢慢增加，使进入反再的风量 FIC11601 降至 $1000Nm^3/min$；

（3）调整主风量 FIC10305 和 FIC10304，调整双动滑阀 HC10701A/B，降低反再压力 PIC10301 至 0.05MPa 左右；

（4）打开阀 FV10902，引主风至燃烧室；

（5）打开阀 308V03，稍开 103V14，开度为 1%，向 F2010 辅助燃烧室引瓦斯，点炉升温；

（6）调整瓦斯量 103V14，将主风量 FIC10902 调整为最大值，两器按升温曲线要求升温至 150℃，并恒温 24h（模拟开车操作时可适当调整恒温时间）；

（7）当外取热器温度 TI10502 和 TI10402 达到 200℃左右时，外取热器汽包上水，依次打开 FIC10403/10503、自然循环旁路阀 HV10404、HV10504、104V01 和 105V01；

（8）当再生器温度 TIC10309 达到 300℃左右时，投用低温过热蒸汽循环阀 FV12201；

（9）在两器恒温 150℃结束后，调整瓦斯与主风量，两器以 15℃/h 向 315℃升温，详细步骤如下：

①缓慢开大 103V14 开度，再生器温度 TIC10306 维持 315℃；

②缓慢开大 103V14 开度，再生器温度 TIC10309 维持 315℃；

③缓慢开大 103V14 开度，反应器温度 TIC10101 维持 315℃；

④缓慢开大 103V14 开度，再生器温度 TIC10306 维持 540℃；

⑤缓慢开大 103V14 开度，再生器温度 TIC10309 维持 540℃；

⑥缓慢开大 103V14 开度，反应器温度 TIC10101 维持 540℃；

（10）严格控制炉膛温度 TI10316 应不大于 900℃；

（11）严格控制炉出口温度 TI10317 应不大于 700℃。

12. 热工岗位准备：除氧器上水

（1）当反应再生器温度升至 200℃时，打开除氧水进罐 V2307 的调节阀 LV31101；

（2）配合反应再生器点炉工作，锅炉同时按点炉步骤做好点炉；

（3）控制 V2307 压力在 0.14MPa 左右，即操作 PIC31102A/B；

（4）现场开阀 UV50701/02/03/04；

（5）DCS 开阀 HV50611A/B/C/D、HV50601A/B/C/D 和 HV50602A/B；

（6）启动 K2501A/B/C/D；

（7）通过 TIC50707/08 及 PIC50707/08 控制余热锅炉温度在 830℃左右，

压力在0.1MPa左右；

（8）打开P-2214入口阀；

（9）打通P-2214至热工流程（开阀208V18、303V04、LV50101A及LV50102A）；

（10）V2307液位达到50%，启动P-2214，打开泵出口阀；

（11）打开V2502AB射水器压控阀PIC50101/PIC50102，控制压力为60kPa（绝）；

（12）打开P-2503入口阀，当V2503液位LIC50201达到50%时，启动泵P2503A，打开出口阀，通过LV50201控制液位为50%；

（13）打通P-2502至装置换热流程（即开阀205V10、205V11、206V02、LV50302及LV50304），V2502AB液位达到50%，开P-2502入口阀，启动P-2502，打开泵出口阀；

（14）控制V2504A/B压力PIC50302和PIC50303在0.27MPa左右；

（15）打通P-2504至V2222汽包流程（即开阀FV21101），并将V2222压力PIC21101控制在0.5MPa左右；

（16）打通P-2501经余热锅炉去汽包流程（开阀504MOV01、504MOV02、505MOV01、505MOV02、508MOV05、FV20402、FV20403、FV10403和FV10503），V2504A/B液位LIC50302和LIC50304达到50%，打开泵入口阀和503V11，启动P-2504A/B、P-2501A/B/C，打开泵出口阀（P2504A出口阀选择503V02）；

（17）依次打开汽包顶部放空阀504V11、505V11、LV50402和LV50502（后两阀为串级控制，先可只通过FIQ50403和FIQ50503来打开），给余热锅炉汽包V2501A/B上水，控制各汽包液位为50%（LIC50101A、LIC50102A、LIC50302、LIC50304、LIC50402和LIC50502）；

（18）关闭汽包顶部放空阀，控制V2220和V2221的压力PIC20402及PIC20404在5.2MPa左右，控制V2118A和V2118B的压力PIC10406及PIC10506在4.8MPa左右（需要打开504MOV03、505MOV03、505MOV05、505MOV06、504MOV05和504MOV06，控制TIC50408、TIC50508在390℃左右，控制TIC5040、2TIC50403、TIC50502和TIC50503在420℃左右）；

（19）将减温减压器出口温度TIC50805设定为280℃并设为自动控制，将压力PIC50803设定为1.3MPa并设为自动控制。

13. 开增压机

（1）在DCS界面进入“1#增压机润滑油系及轴系流程图”，并单击进入“停机联锁”界面，将“主风机安全运行”设为旁路（两个均打成旁路），并单击“1#增压机上位手动联锁复位”按钮；

（2）进入“增压机启动条件”界面，单击“1#增压机其他启动条件满足确认”按钮；

（3）单击“1#增压机允许启动确认”按钮；

（4）启动增压机；

（5）先至辅操台将FV10401/ FV10501复位（解锁），再打开增压机入口阀SV2116A，控制外取热器A/B的流化风FIC10401和FIC10501流量各为$20Nm^3/min$。

14. 开气压机

（1）打开HV31232，全开汽轮机进气阀门PIC30703和排气阀门PIC30704；

（2）确认FV31232和FV31231全开，并打开中压蒸汽入口阀2301；

（3）单击启动按钮启动汽轮机（STR2301）；

（4）提转速至1000r/m；

（5）快速通过临界转速5040r/m；

（6）ITCC切至DCS，等反应喷油调整稳定后，打开HV31233，打通气压机出口流程（301V16至301V20）。

15. 拆大盲板赶空气

（1）打开边界阀307V01，引蒸汽自系统进入装置；

（2）全关再生滑阀TIC10101，全关待生滑阀LIC10201，关闭MIP滑阀（LIC10203）；

（3）先从沉降器底部引蒸汽，打开沉降器顶部放空阀102V04；

（4）打开提升管预提升蒸汽FIC10112；

（5）打开提升管松动蒸汽FIC10110；

（6）打开原料油雾化蒸汽FIC10001A/D；

（7）打开回炼油雾化蒸汽FIC10105；

（8）打开提升蒸汽FIC10107；

（9）打开汽提蒸汽FIC10206，10205，10204；

（10）打开防焦蒸汽FIC10203，10202；

（11）降低各汽提蒸汽，保证沉降器压力PI10201微正压大于0.02MPa；

（12）拆大盲板，将反应分馏器连通，打开分顶蝶阀HV20301，并打通分馏塔顶至气压机流程（203V04至203V08，203V10至203V14全开，PV31231微开）；

（13）提各蒸汽量，提沉降器压力PI10201达到0.09MPa；

（14）将再生器 PI10303A 压力控制为 0.08MPa；

（15）控制反应器 PI10201 压力高于再生器控制 PI10305 压力。

16. 分馏塔 T2201 引油，建立三路带塔循环

（1）打开分馏塔油浆的上返塔气壁阀 201V11，关闭 201V12；

（2）待分馏塔底 LI20101 建立液面以后，在模拟现场“PID210”中打开塔底切断阀 SV2202AB，启动 P2208B，关闭 201V14，缓慢开大阀 201V13，稍开下返塔进分馏塔，注意，尽量把塔底温度升到 200℃以上；

（3）逐渐关闭回炼油开工循环线进油浆系统阀 210V01，油浆系统与原料油，切断回炼油系统。

17. 装入催化剂三器流化

（1）关闭半再生循环斜管滑阀 LIC10301；

（2）关闭外取热器下滑阀 HC10501 和 10401；

（3）关闭各放空阀（104V05，105V05，105V06）；

（4）控制沉降器 PI10201 压力为 0.11MPa，再生器 PIC10301 压力为 0.1MPa；

（5）依次打开 106V16、106V45、106V04、再生器器壁阀 103V10，向再生器装入催化剂；

（6）当一再料位 LIC10301 达到 40% 时，关闭 103V10 停止加催化剂；

（7）当一再温度 TIC10306 大于 400℃时，喷燃烧油；

（8）当一再温度 TIC10306 达到 500℃时，打开 LIC10301，向二再生器转入催化剂；

（9）当外取热器 A/B 料位 LI10401 和 LI10501 达到 50% 左右时，加大阀 HC10401 和 10501 的开度，向二再生器装入催化剂；

（10）关闭提升管底部放空阀 101V06 和沉降器顶部放空阀 102V04；

（11）当二再料位 LI10304 达到 40% 左右时，再生器温度 TIC10306 和 TIC10309 为 550℃ ~ 600℃，向沉降器转入催化剂，缓慢加大再生滑阀 TV10201；

（12）当汽提段料位缓慢升高时，可缓慢加大待生滑阀 LIC10201，将汽提段中的催化剂转回再生器；

（13）控制沉降器温度 TI10203 到 505℃；

（14）控制沉降器汽提段料位 LIC10201 在 50% 左右；

（15）一再料位 LIC10301 在 50% 左右；

（16）二再料位 LI10304 在 50% 左右；

（17）逐渐调整再生压力至 0.19MPa，反应压力至 0.15MPa。

18. 打通分馏塔各流程

（1）打通分馏塔顶回流流程（依次打开阀 201V01、205V05、205V06、205V08、205V09、205V12～205V17，开顶循环器壁阀 201V16 和阀 FV20106）；

（2）打通分馏塔冷回流流程（依次打开冷回流返塔器壁阀 201V17 及 FIC20105，启动泵 P2218）；

（3）打通柴油汽提塔流程（依次打开阀 201V03、205V01、205V02、208V09、208V12、208V13、208V14 和 208V08）；

（4）打通贫、富吸收油流程（依次打开阀 201V02、208V15、208V16、208V17、304V01，关闭 304V03，开 208V20 和 201V19）；

（5）打通一中流程（依次打开 201V04、201V18、206V01 和 206V18）；

（6）打通二中流程（依次打开 201V09，关闭 201V10）；

（7）打通回炼油流程（开 201V05 及 201V21）。

19. 反应进油，并调整至正常

（1）打开原料油进料阀 FIC10002A/D 及阀后进提升管手阀（100V01～100V12），关闭 100V28/29/30；

（2）打开相应雾化蒸汽阀；

（3）逐渐提高原料油进料量 FIC10002AD 至 125t/h；

（4）逐渐停掉再生器辅助燃烧室，关闭 103V14；

（5）关闭燃烧油量（FIC10301/OP＝0，FIC10302/OP＝0）；

（6）烟机出口水水封罐撤水；

（7）根据外取热器发汽量的变化启动 P2101A 和 P2101C。

20. 开主机

（1）进入 ITCC“停机联锁”界面，旁路“主风机主电机运行状态”；

（2）旁路“主风机逆流至联锁”；

（3）复位“主风机组上位手动联锁复位”；

（4）进入现场站“PID107”界面，现场启动盘车电动机；

（5）进入“启动条件”界面，待主风机允许启动条件满足后，单击“主风机允许启动确认”按钮，此时“主风机启动条件满足”显示为绿色；

（6）进入“启动顺序”界面并选择“用烟机启动”选项；

（7）单击“切断阀开启”按钮，切断阀解锁后按钮显示为绿色；

（8）进入“工艺流程图”界面，手动开 SV2119（将 HC11101 手动开 100%）；

（9）回到“启动顺序”界面，在“入口切断阀已开”按钮显示为绿色后单击“蝶阀解锁”按钮；

（10）进入“工艺流程图”界面，手动开 SV2120（手动开 HC11102）；

（11）投用轮盘冷却蒸汽；

（12）投用轮盘密封蒸汽；

（13）开大调节蝶阀，进行 500℃恒温（TI11102）；

（14）开大调节蝶阀，烟机升速至 3162r/min；

（15）进入“喘振画面”，将喘振控制设置为“半自动”；

（16）将放空阀手动输出值设为“100%”；

（17）将主风机静叶角度手动置 0（FIC11201/OP =0）；

（18）进入“启动顺序”界面，单击“电机允许合闸”按钮，启动电动机；

（19）进入“安全运行”界面，将“切断主风自保”及“主风机逆流至安全运行”设定为旁路；

（20）将“主风机组上位手动安全运行复位”设定为复位；

（21）进入“自动操作”界面，单击“主风机组上位手动投自动”选项；

（22）待运行稳定后，进入“停机联锁”界面，将主风机主电机运行状态改为“自动”；

（23）“主风机逆流至联锁”修改为“自动”；

（24）进入“安全运行”，将“主风机逆流至安全运行”设为旁路；

（25）调整静叶角度 FIC11201 >30%；

（26）“喘振画面”中关小放空阀，调整 PI11206 的压力大于主风管道 PI112072 的压力（为 5kPa）。

21. 切机

（1）打开主风电液阀至全开（HV11201，XV11201）；

（2）通过主机放空阀控制主风管道 PI11207 压力至 0.255MPa；

（3）打开备机放空阀，使主风管道压力降至 0.25MPa；

（4）关闭主机放空阀，使主风管道压力升至 0.255MPa；

（5）重复上述操作至备机放空全开；

（6）关闭备机电液阀；

（7）关闭备机静叶至 22°；

（8）将备机至反应再生器联锁设为旁路（“停机连锁”界面，旁路“备主风机组主电机事故跳闸”及“备风机逆流至连锁”）；

（9）现场手动停备机。

22. 投用离心机

（1）进入离心机 ITCC“停机联锁”界面，将“离心机主电机事故故障”

设为旁路；

（2）复位“离心机组上位手动联锁复位”；

（3）进入“启动条件”界面，单击“离心主风机允许启动确认”按钮；

（4）进入辅操台，单击“离心主风机入口阀 HV10902 复位”按钮进行复位操作；

（5）打开离心机抽大气阀 HV10902，开度为 10%；

（6）进入“喘振画面”界面，将“喘振控制方式”设为半自动，将“手动输出”设定为 100%；

（7）将主风流量控制阀（FIC12001）手动设置为 0；

（8）启动电动机；

（9）开大抽大气阀 HV10902，开度为 30%；

（10）缓慢开大主机静叶角度 FIC11201，开度为 60%，同时开大防喘振阀 BV11201 及 BV11202；

（11）通过防喘振阀保证主风总管压力 PI11207 稳定在 0.255MPa；

（12）缓慢打开离心主风机抽主风阀 FIC12001，同时入口抽大气阀 HC10902 至全关；

（13）通过主机放空阀控制主风管道压力 PI11207 在 0.25MPa；

（14）继续开大离心机抽主风阀，使离心机出口流量 FIC12001 为 1 400Nm^3/min，入口压力（PI12001）为 0.24MPa；

（15）通过关小主机放空阀，维持主风总管 PI11207 的压力稳定在 0.25MPa；

（16）缓慢打开离心机出口电液阀；

（17）通过调节主机出口放空，维持主风总管 PI11207 的压力稳定在 0.25MPa；

（18）缓慢关小离心机出口放空阀，使二再主风管道 PI10324 的压力增加 2 ~ 5kPa；

（19）缓慢关小一二再主风跨线阀 FV10902，使二再风量 FI10307 稳定在 1 400Nm^3/min；

（20）调整主风机出口放空阀，使主风总管压力稳定在 0.25MPa；

（21）重复上述过程至一二再主风跨线阀全关；

（22）进入离心机“联锁停车”逻辑图，将“离心机主电机在事故故障”投自动。

23. 装置提负荷至 100%，稳定操作

（1）逐渐提原料油进料量至 420t/h；

（2）调整再生压力至0.29MPa，反应压力至0.25MPa；

24. 反应喷油，分馏塔调整操作

（1）慢慢提高油气进入分馏塔的负荷；

（2）逐渐提高分馏塔的压力到PI20101至0.20MPa左右；

（3）及时调节冷回流量，打开分馏塔顶并开启工冷回流流量控制阀FIC20105，控制塔顶温度TIC20101不大于115℃；

（4）顶循环抽出层温度TI20104达到180℃，启动顶循环泵P2203，建立顶循环回流，打开顶循环流量控制阀FIC20106；

（5）当柴油汽提塔T2202抽出层温度TI20110达到198℃以上，且T2202液面LIC20501达到60%，启动P2204A，外送柴油，打开柴油外送流量控制阀FIC20807；

（6）一中抽出温度TI20111达到260℃，启动一中泵P2206A，打开一中段流量控制阀FIC20101，低流量建立一中回流；

（7）打开分馏塔二中返塔流量控制阀FIC20107；

（8）打开回炼油返塔流量控制阀FIC20102；

（9）控制16层塔盘气相温度TIC20108在230℃；

（10）将分馏塔底温度TI20120控制在330℃；

（11）将分馏塔顶回流罐温度TI20304控制在40℃；

（12）将柴油汽提塔T2202液位LIC20501控制在50%；

（13）将分馏塔底液位LIC20101控制在50%左右；

（14）将油浆外送温度TI20605控制在120℃；

（15）将柴油出装置去罐区温度TI20804控制在50℃；

（16）将封油罐液位LIC30501控制在50%左右；

（17）将分馏塔顶回流罐液位LIC20801控制在50%。

25. 吸收稳定调整操作

（1）将再吸收塔T2303压力PIC30403控制在1.35MPa；

（2）将稳定塔顶T2304压力PI30301控制在1.15MPa；

（3）打开粗汽油进吸收塔流量控制阀FIC20801；

（4）V2302液位达到30%，启动P2305A；

（5）打开稳定塔顶回流控制阀FIC30303；

（6）启动P2312A；

（7）打开液化石油气外送控制阀FIC30401；

（8）将再吸收塔T2303液位LIC30404控制在50%；

（9）将吸收塔底液位LIC30201控制在50%；

（10）将富气分液罐 V2301 液位 LIC30101 控制在 50%；
（11）将再吸收塔液位 LIC30404 控制在 50%；
（12）将解吸塔底液位 LIC30202 控制在 50%；
（13）将稳定塔底液位 LIC30301 控制在 50%；
（14）将解析塔底温度 TIC30225 控制在 136℃；
（15）将稳定塔底温度 TI30320 控制在 170℃。

任务三　催化裂化装置的正常停工过程

（1）将 SIS 主风低流量联锁设为旁路；
（2）缓慢降低进料量 FIC10002A；
（3）同时提高雾化蒸汽流量 FIC10001A；
（4）缓慢降低进料量 FIC10002D；
（5）同时提高雾化蒸汽流量 FIC10001D；
（6）缓慢降低主风量至 FIC10304 为 1 200Nm^3/min，FIC10304 为 600Nm^3/min，FI10307 为 1 200Nm^3/min；
（7）缓慢降低再生压力 PIC10301 至 0.19MPa；
（8）降低反应压力至 0.15MPa（PIC31232）；
（9）启动备用主风机；主备机切换；停烟机；停能量回收三机组；手动切断进料；
（10）关闭再生滑阀 TIC10101；
（11）停气压机，关闭气压机至吸收稳定阀 HV31233；
（12）通过气压机放火炬控制反应压力高于再生压力，为 10kPa，PDI10304 为 10kPa；
（13）使沉降器中催化剂转入再生器 LIC10201 = 0；关闭待生滑阀 LIC10201/OP 为 0；
（14）V－2102 抽真空并打开 106V32、106V29 和 106V27；
（15）将一再催化剂转入二再 LIC10301 料位为 0；打开大型加卸剂线器壁阀 103V10；
（16）打开催化剂进 V－2103 阀 106V11；使二再料位 LI10304 为 0；
（17）关闭大型加卸剂线器壁阀 103V10；关闭催化剂进 V－2103 阀 106V11；
（18）手动停止 F2501 和 F2502；
（19）关闭 TIC50707、PIC－50707、TIC50708 和 PIC－50708，停止

K－2501AB；

（20）当外取热器温度降至200℃时，停强制循环泵P2101A和P2101C；

（21）关闭V－2118A/B压控阀；

（22）打开外取热器汽包V2118A/B放空阀104V04和105V04；

（23）除盐水停进装置，关LV31101，关闭LIC－50402和LIC－50502；

（24）停热工流程；停除氧蒸汽，关闭PIC－50302和PIC－50303；

（25）切断进料后，分馏停P－2203、P－2205和P－2206；

（26）依次关闭顶循201V01、轻柴油201V03、贫吸收油201V02、一中201V04、回炼油抽出阀201V05；

（27）投用冷回流FV20105控制塔顶温度不大于120℃；

（28）轻柴油改不合格线出装置，打开208V12/13/14/04/03和HV20801；

（29）当V－2202液位LIC20501为0时，停止泵P－2204，关闭进出口阀；

（30）当分馏塔温度降至250℃时，停止V－2220、V－2221汽包上水（LIC20402和PIC20404），关闭主汽阀（PIC20402、LIC20404），打开汽包放空阀；

（31）当塔底温度降至200℃，停塔顶冷回流FV20105；

（32）启用油浆放空出装置，打开206V13和206V12；

（33）当塔底液位降至0时，停泵P－2208A，关闭进出口阀；

（34）停蒸汽，分馏塔微正压；装大盲板；

（35）切断进料阀后，停粗汽油FV20801和补充吸收剂FV－30203进吸收塔；

（36）当吸收塔一中段循环泵流量FV30204为0时，停一中段循环泵P2302A；

（37）当吸收塔二中段循环泵流量FV30201为0时，停二中段循环泵P2302B；

（38）当吸收塔三中段循环泵流量FV30205为0时，停三中段循环泵P2302C；

（39）当吸收塔四中段循环泵流量FV30206为0时，停四中段循环泵P2302D；

（40）关闭PIC30403和手阀；关闭301V01；启动P2301B，开进出口阀；

（41）将T2301、V2301、T2302的油转入T－2304；

（42）当T2301液位LIC30201为0时，停止P2303A，关闭进出口阀；

（43）当T2301液位LIC30101为0时，停止P2301A，关闭进出口阀；

（44）当 T2302 液位 LIC30202 为 0 时，停止 P2301B，关闭进出口阀；

（45）T2304 油走合格线至罐区，T2304 液位 LIC30301 为 0；

（46）停止稳定汽油出装置；打开 PV30402；打开 PV30403 泄压；

（47）将液化气送至罐区，当 V2302 液位为 0 时，停止泵，关闭出入口阀。

任务四　催化裂化装置事故

催化裂化装置事故见表 6-2。

表 6-2　催化裂化装置事故

事故内容	事故引起的现象
MF001—长时间停电	装置的所有用电设备均停止运转
MF002—长时间停仪表风	装置的所有控制及阀门均处于设计安全位置
MF003 - 冷却水故障	装置的所有用冷却水的换热器停止换热
MF004 - 低压蒸汽故障	装置的低压蒸汽用户停止蒸汽供应
MF005 - 短时间停电	装置的所有用电设备均停止运转
MF006 - 短时间停仪表风	装置的所有控制及阀门均处于设计安全位置
MF101 - 原料油中断	提升管进料泵 P2201A/B 停止，中断原料油进料
MF102 - 增压机停机	增压机 K2103A/B 停机
MF103 - 气压机停机	富气压缩机 K2103A/B 停机
MF104 - 再生滑阀全关	TV10201 全关
MF105 - 再生滑阀全开	TV10201 全开
MF106 - 待生滑阀全关	LV10201 全关
MF107 - 待生滑阀全开	LV10201 全开
MF108 - 双动滑阀全关	双动滑阀全关
MF109 - 双动滑阀全开	双动滑阀全开
MF110 - 汽包 A 给水泵故障	P2101A
MF111 - 外取热器 A 下滑阀全开	HV10401 全开
MF112 - 烟机入口阀全关	SV2120 全关
MF113 - 反应切断进料	UV10002 全关
MF118 - 主风中断	主风机 K2101 停止

续表

事故内容	事故引起的现象
MF203 – 分馏塔顶循环中断	顶循环回流泵 P2203A/B 停止
MF204 – 分馏塔一中段油中断	一中回流泵 P2206A/B 停止
MF205 – 回炼油泵故障回炼油中断	P2207A/B 停止
MF206 – 循环油浆中断	油浆泵 P2208A/B 停止

【项目测评】

一、判断题

1. 反应温度越高，焦炭产率越大。 (　　)

2. 安定性差的柴油在储存中颜色容易变深，实际胶质增加，甚至产生沉淀。 (　　)

3. 当剂油比提高时，转化率也增加，气体、焦炭产量降低。 (　　)

4. 催化裂化装置反应系统停工时，要求先降低反应温度，后降低原料量。 (　　)

5. 重金属污染严重时，H_2 量也增加。 (　　)

6. 在任何生产事故情况下，都要注意不能发生两器催化剂相互压空的情况。 (　　)

7. 提升管设置了快速分离装置，这样，缩短了反应时间，减少了二次反应。 (　　)

8. 当反应温度提高，气体中^1C、^2C 增加，而产品的不饱和度减小。 (　　)

9. 缩短反应时间，可降低汽油中烯烃的含量，降低汽油的辛烷值。 (　　)

10. 增加剂油比或降低空速，对增加反应深度、提高反应速度有利。 (　　)

二、填空题

1. 催化剂性能评定主要包括催化剂的（　　）、（　　）、（　　）、（　　）、（　　）等几个方面。

2. 总转化率的大小说明新鲜原料（　　）高低。

3. 催化原料残炭增加，催化生焦率（　　）。

4. 在催化裂化反应中烯烃的分解反应速度比烷烃的分解反应速度（　　）。

5. 主风分布不均匀，氧含量高度过剩会造成（　　）。

6. 裂解反应为（　　）反应。

7. 再生旋风分离器分离效率与（　　）因素有关。

8. 催化裂化焦炭的组成大致可分为催化炭、（　　）、附加炭、污染。

9. 催化剂循环量增大，使待生剂、再生剂含碳差（　　）。

10. 吸收塔的操作条件应是（　　）。

三、问答题

1. 反应压力异常超高时，应如何处理？

2. 催化裂化反应过程的7个步骤是什么？

3. 什么叫催化剂的选择性？

4. 造成再生温度过高的原因是什么？

5. 反应温度对产品质量的影响有哪些？

6. 影响烧焦的因素有哪些？

7. 加工重油时，为什么焦炭和氢气的产率会升高？

8. 影响反应深度的因素是什么？

9. 简述提升管反应器工艺的特点。

10. 从能量平衡的观点分析，构成催化装置能耗的有哪几部分？

四、实操训练

1. 向催化剂储罐V2102装剂。

2. 建立循环热水流程。

3. 三路循环。

4. 分馏塔T2201引油，建立三路带塔循环。

5. 装置停车。

项目七

甲醇合成工段仿真[①]

［学习目标］

<table>
<tr><td colspan="2">总体技能目标</td><td>能根据生产要求正确分析工艺条件；能对本工段的开停、生产事故处理等仿真进行正确的操作，具备岗位操作的基本技能；能初步优化生产工艺过程</td></tr>
<tr><td rowspan="3">具体目标</td><td>能力目标</td><td>（1）能根据生产任务查阅相关书籍与文献资料；
（2）能正确选择工艺参数，具备在操作过程中调节工艺参数的能力；
（3）能对本工段开车、停车、事故处理仿真进行正确的操作；
（4）能对生产中的异常现象进行正确的诊断，具有事故判断与处理的能力</td></tr>
<tr><td>知识目标</td><td>（1）掌握催化甲醇合成的原理及工艺过程；
（2）掌握甲醇合成工艺主要设备的工作原理与结构组成；
（3）熟悉工艺参数对生产操作过程的影响，会正确选择工艺条件</td></tr>
<tr><td>素质目标</td><td>（1）学生应具备化工生产规范操作意识、判断力和紧急应变能力；
（2）学生应具备综合分析问题和解决问题的能力；
（3）学生应具备职业素养、安全生产意识、环境保护意识及经济意识</td></tr>
</table>

任务一　甲醇合成工段仿真装置概况

甲醇生产的总流程较长，工艺较复杂。甲醇合成是在高温、高压、催化剂存在的条件下进行的，是典型的复合气－固相催化反应过程。随着甲醇合成催化剂技术的不断发展，其总的趋势是由高压向低、中压发展。

高压工艺流程一般指的是使用锌铬催化剂，在 300℃～400℃和 30MPa 高温、高压下合成甲醇的过程。自从 1923 年第一次用这种方法合成甲醇成功后，差不多有 50 年的时间，世界上合成甲醇的生产都沿用这种方法，仅在设计细节上有些不同，例如甲醇合成塔内移热的方法有冷管型连续换热式和冷

① 东方仿真在线仿真系统网址：www. simnet. net. cn。

激型多段换热式两大类；反应气体流动的方式有轴向和径向或者二者兼有的混合形式；有副产蒸汽和不副产蒸汽的流程等。近几年来，我国开发了在25～27MPa压力下、铜基催化剂上合成甲醇的技术。在出口气体中，甲醇含量为4%左右，反应温度为230℃～290℃。

在1966年，英国ICI公司成功研究了ICI低压甲醇法，这是甲醇生产工艺上的一次重大变革。它采用51－1型铜基催化剂，合成压力为5MPa。ICI法所用的合成塔为热壁多段冷激式，结构简单，每段催化剂层上部装有菱形冷激气分配器，使冷激气均匀地进入催化剂层，用以调节塔内温度。低压法合成塔的形式还有德国Lurgi公司的管束型副产蒸汽合成塔及美国电动研究所的三相甲醇合成系统。

中压法是在低压法的基础上进一步发展起来的，由于低压法操作压力低，这导致设备体积相当庞大，不利于甲醇生产的大型化。因此ICI公司发展了压力为10MPa左右的甲醇合成中压法。它能有效地降低建厂费用和甲醇生产成本。例如，ICI公司研究成功了51－2型铜基催化剂，其化学组成和活性与低压合成催化剂51－1型差不多，只是催化剂的晶体结构不相同，制造成本比51－1型高。由于这种催化剂在较高压力下也能维持较长的生产寿命，从而使ICI公司将原有的5MPa的合成压力提高到10MPa。其所用合成塔与低压法相同，也是四段冷激式，其流程和设备与低压法类似。

本仿真系统是在低压甲醇合成装置中管束型副产蒸汽合成系统的甲醇合成工段进行的，如图7－1所示。

一、甲醇合成工段仿真的工艺流程

1. 工艺仿真范围

由于本仿真系统主要以仿DCS操作为主，因而，在不影响操作的前提下，对一些不很重要的现场模拟操作需进行简化。简化的主要内容包括不重要的间歇操作、部分现场手阀、现场盲板拆装、现场分析及现场临时管线拆装等。另外，根据实际操作的需要，对一些重要的现场操作也进行了模拟，并根据DCS画面设计一些现场图，并在此操作画面上进行部分重要现场阀的开关和泵的启动停止。对DCS的模拟，以化工厂提供的DCS画面和操作规程为依据，并对重要回路和关键设备在现场图上进行补充。

2. 工艺路线

甲醇合成装置仿真系统的设备包括蒸汽透平（T－601）、循环气压缩机（C－601）、甲醇分离器（F－602）、精制水预热器（E－602）、中间换热器（E－601）、最终冷却器（E－603）、甲醇合成塔（R－601）、蒸汽包（F－

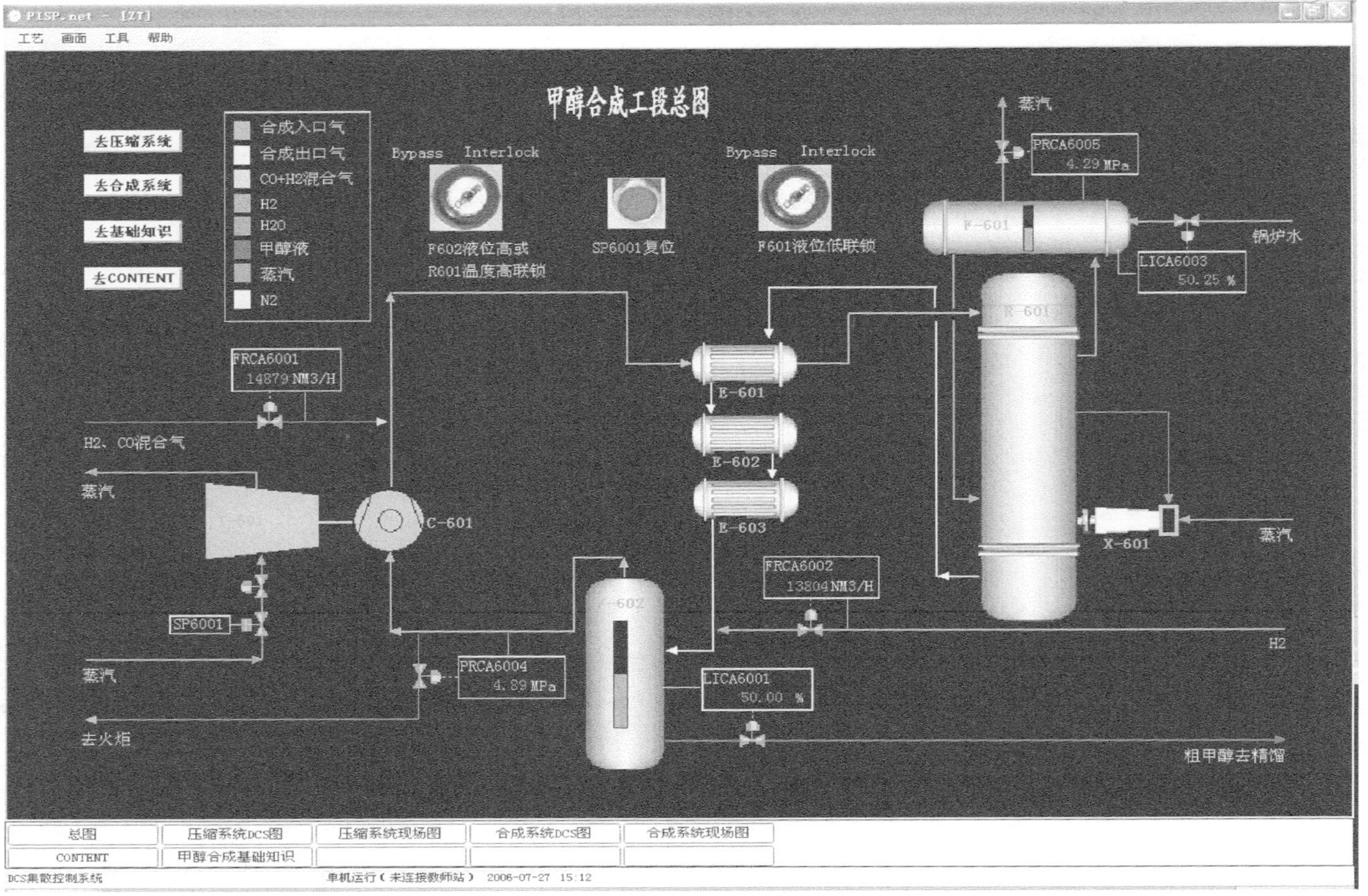

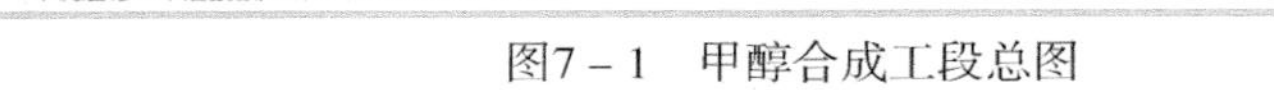
图7－1 甲醇合成工段总图

601）以及开工喷射器（X－601）等。甲醇合成是强放热反应，进入催化剂层的合成原料气需先被加热到反应温度（>210℃）才能反应，而低压甲醇合成催化剂（铜基触媒）又易过热失活（>280℃），必须将甲醇合成反应热及时移走。本反应系统将原料气加热与反应过程中的移热结合，反应器与换热器结合连续移热，同时达到缩小设备体积和减少催化剂层温差的作用。低压合成甲醇的理想合成压力为4.8～5.5 MPa。在本仿真中，假定压力低于3.5MPa时反应即停止。

蒸汽驱动透平带动压缩机运转，提供循环气连续运转的动力，并同时往循环系统中补充 H_2 和混合气（$CO+H_2$），使合成反应能够连续进行。在进行合成反应的过程中所放出的大量热通过蒸汽包 F－601 移走，合成塔入口气在中间换热器 E－601 中被合成塔出口气预热至46℃后进入合成塔 R－601，合成塔出口气由255℃依次经中间换热器 E－601、精制水预热器 E－602、最终冷却器 E－603 换热至40℃，与补加的 H_2 混合后进入甲醇分离器 F－602，分离出的粗甲醇被送往精馏系统进行精制，气相的一小部分被送往火炬，而气相的大部分作为循环气被送往压缩机 C－601，被压缩的循环气与补加的混合气混合后经中间换热器 E－601 进入反应器 R－601。

合成甲醇流程控制的重点是反应器的温度、系统压力以及合成原料气在反应器入口处各组分的含量。反应器的温度主要是通过汽包来调节，如果反应器的温度较高并且升温速度较快，这时应将汽包蒸汽出口开大，增加蒸汽采出量，同时降低汽包压力，使反应器温度降低或温升速度变小；如果反应器的温度较低并且升温速度较慢，则应将汽包蒸汽出口关小，减少蒸汽采出量，慢慢升高汽包压力，使反应器温度升高或温降速度变小；如果反应器温度仍然偏低或温降速度较大，可通过开启开工喷射器 X601 来调节。系统压力主要依据混合气入口量 FRCA6001、H_2 入口量 FRCA6002、放空量 FRCA6004 以及甲醇在分离罐中的冷凝量来控制；在原料气进入反应塔前有一安全阀，当系统压力高于5.7MPa时，安全阀会自动打开，当系统压力降至5.7MPa以下时，安全阀自动关闭，从而保证了系统压力不至过高。合成原料气在反应器入口处各组分的含量是通过混合气入口量 FRCA6001、H_2 入口量 FRCA6002 以及循环量来控制的，冷态开车时，由于循环气的组成没有达到稳态时的循环气组成，需要慢慢调节才能达到稳态时的循环气的组成。调节组成的方法是：①如果想增加循环气中 H_2 的含量，则应开大 FRCA6002、增大循环量并减小 FRCA6001，经过一段时间后，循环气中的 H_2 含量会明显增大；②如果想减小循环气中 H_2 的含量，则应关小 FRCA6002、减小循环量并增大 FRCA6001，经过一段时间后，循环气中

的 H_2 含量会明显减小；③如果想增加反应塔入口气中的 H_2 含量，则应关小 FRCA6002 并增加循环量，经过一段时间后，入口气中的 H_2 含量会明显增大；④如果想降低反应塔入口气中的 H_2 含量，则应开大 FRCA6002 并减小循环量，经过一段时间后，入口气中的 H_2 含量会明显增大。循环量主要是通过透平来调节。由于循环气组分多，所以调节起来难度较大，不可能一蹴而就，需要一个缓慢的调节过程。调平衡的方法是：通过调节循环气量和混合气入口量使反应入口气中的 H_2/CO（体积比）为 7 ~ 8，同时通过调节 FRCA6002，使循环气中的 H_2 含量尽量保持在 79% 左右，同时逐渐增加入口气的量直至正常（FRCA6001 的正常量为 14 877Nm^3/h，FRCA6002 的正常量为 13 804Nm^3/h），达到正常后，新鲜气中的 H_2 与 CO 之比（FFR6002）为 2.05 ~ 2.15。

3. 设备简介

（1）透平 T－601：功率为 655kW，最大蒸汽量为 10.8t/h，最大压力为 3.9MPa，正常工作转速为 13 700r/m，最大转速为 14 385r/m。

（2）循环压缩机 C－601：压差约为 0.5MPa，最大压力为 5.8MPa。

（3）汽包 F－601：直径为 1.4m，长度为 5m，最大允许压力为 5.0MPa，正常工作压力为 4.3MPa，正常温度为 250℃，最高温度为 270℃。

（4）合成塔 R－601：列管式冷激塔，直径为 2m，长度为 10m，最大允许压力为 5.8MPa，正常工作压力为 5.2MPa，正常温度为 255℃，最高温度为 280℃；塔内布满装有催化剂的钢管，原料气在钢管内进行合成反应。

（5）分离罐 F－602：直径为 1.5m，高为 5m，最大允许压力为 5.8MPa，正常温度为 40℃，最高温度为 100℃。

（6）输水阀 V6013：当系统中产生冷凝水并进入疏水阀时，内置倒吊桶因自身重量而处于疏水阀的下部。这时位于疏水阀顶部的阀座开孔是打开的，且允许冷凝水进入阀体并通过顶部的孔排出阀体。当蒸汽进入疏水阀，倒吊桶向上浮起时，关闭出口阀，不允许蒸汽外泄。当全部蒸汽通过吊桶顶部的小孔泄出，倒吊桶沉入水中时，循环得以重复。

二、甲醇合成工段仿真装置的工艺控制指标

甲醇合成工段仿真装置的工艺控制指标见表 7－1；其主要仪表控制指标见表 7－2。

表 7-1 甲醇合成工段仿真设备的工艺控制指标

序号	位号	正常值	单位	说明
1	FIC6101	—	Nm^3/h	压缩机 C-601 防喘振流量控制
2	FRCA6001	14 877	Nm^3/h	H_2、CO 混合气进料控制
3	FRCA6002	13 804	Nm^3/h	H_2 进料控制
4	PRCA6004	4.9	MPa	循环气压力控制
5	PRCA6005	4.3	MPa	汽包 F-601 压力控制
6	LICA6001	40	%	分离罐 F-602 液位控制
7	LICA6003	50	%	汽包 F-6012 液位控制
8	SIC6202	50	%	透平 T-601 蒸汽进量控制

表 7-2 主要仪表控制指标

序号	位号	正常值	单位	说明
1	PI6201	3.9	MPa	蒸汽透平 T-601 蒸汽压力
2	PI6202	0.5	MPa	蒸汽透平 T-601 进口压力
3	PI6205	3.8	MPa	蒸汽透平 T-601 出口压力
4	TI6201	270	℃	蒸汽透平 T-601 进口温度
5	TI6202	170	℃	蒸汽透平 T-601 出口温度
6	SI6201	3.8	r/m	蒸汽透平转速
7	PI6101	4.9	MPa	循环压缩机 C-601 入口压力
8	PI6102	5.7	MPa	循环压缩机 C-601 出口压力
9	TIA6101	40	℃	循环压缩机 C-601 进口温度
10	TIA6102	44	℃	循环压缩机 C-601 出口温度
11	PI6001	5.2	MPa	合成塔 R-601 入口压力
12	PI6003	5.05	MPa	合成塔 R-601 出口压力
13	TR6001	46	℃	合成塔 R-601 进口温度
14	TR6003	255	℃	合成塔 R-601 出口温度
15	TR6006	255	℃	合成塔 R-601 温度
16	TI6001	91	℃	中间换热器 E-601 热物流出口温度
17	TR6004	40	℃	分离罐 F-602 进口温度
18	FR6006	13 904	kg/h	粗甲醇采出量

续表

序号	位号	正常值	单位	说明
19	FR6005	5.5	t/h	汽包 F-601 蒸汽采出量
20	TIA6005	250	℃	汽包 F-601 温度
21	PDI6002	0.15	MPa	合成塔 R-601 进出口压差
22	AD6011	3.5	%	循环气中 CO_2 的含量
23	AD6012	6.29	%	循环气中 CO 的含量
24	AD6013	79.31	%	循环气中 H_2 的含量
25	FFR6001	1.07	—	混合气与 H_2 体积流量之比
26	TI6002	270	℃	喷射器 X-601 入口温度
27	TI6003	104	℃	汽包 F-601 入口锅炉水温度
28	LI6001	40	%	分离罐 F-602 现场液位显示
29	LI6003	50	%	分离罐 F-602 现场液位显示
30	FFR6001	1.07	—	H_2 与混合气流量比
31	FFR6002	2.05~2.15	—	新鲜气中 H_2 与 CO 比

任务二 甲醇合成工段仿真装置的冷态开工过程

1. 引锅炉水

依次开启汽包 F601 锅炉水、控制阀 LICA6003、入口前阀 VD6009，将锅炉水引进汽包；当汽包液位 LICA6003 接近 50% 时，投自动，如果液位难以控制，可手动调节。

汽包设有安全阀 SV6001，当汽包压力 PRCA6005 超过 5.0MPa 时，安全阀会自动打开，从而保证汽包的压力不会过高，进而保证反应器的温度不至于过高。

2. N_2 置换

现场开启低压 N_2 入口阀 V6008（微开），向系统充 N_2；依次开启 PRCA6004 前阀 VD6003、控制阀 PRCA6004、后阀 VD6004；如果压力升高过快或降压过程及速度过慢，可开副线阀 V6002。

将系统中含氧量稀释至 0.25% 以下，在吹扫时，将系统压力 PI6001 维持在 0.5MPa 左右，但不要高于 1MPa；当系统压力 PI6001 接近 0.5MPa 时，关

闭 V6008 和 PRCA6004，进行保压。

在保压一段时间后，如果系统压力 PI6001 不降低，说明系统气密性较好，可以继续进行生产操作；如果系统压力 PI6001 明显下降，则要检查各设备及其管道，确保无问题后再进行生产操作（仿真中为了节省操作时间，保压 30s 以上即可）。

3. 建立循环

手动开启 FIC6101，防止压缩机喘振，在压缩机出口压力 PI6101 大于系统压力 PI6001 且压缩机运转正常后关闭。

开启压缩机 C601 入口前阀 VD6011；开透平 T601 前阀 VD6013、控制阀 SIS6202、后阀 VD6014，为循环压缩机 C601 提供运转动力。调节控制阀 SIS6202 使转速不致过大。

开启 VD6015，投用压缩机；待压缩机出口压力 PI6102 大于系统压力 PI6001 后，开启压缩机 C601 后阀 VD6012，打通循环回路。

4. H_2 置换充压

在注入 H_2 之前，先检查 O_2 含量，若高于 O_2 的体积含量 0.25%，则应先用 N_2 稀释至 0.25% 以下再注入 H_2。现场开启 H_2 副线阀 V6007，进行 H_2 置换，使 N_2 的体积含量在 1% 左右；开启控制阀 PRCA6004，充压至 PI6001 为 2.0MPa，但不要高于 3.5MPa。

注意，在调节进气和出气的速度时，应使 N_2 的体积含量降至 1% 以下，而系统压力至 PI6001 升至 2.0MPa 左右。此时关闭 H_2 副线阀 V6007 和压力控制阀 PRCA6004。

5. 投原料气

依次开启混合气入口前阀 VD6001、控制阀 FRCA6001、后阀 VD6002；开启 H_2 入口阀 FRCA6002；同时，注意调节 SIC6202，保证循环压缩机的正常运行。

按照体积比约为 1∶1 的比例，将系统压力缓慢升至 5.0MPa 左右（但不要高于 5.5MPa），将 PRCA6004 投自动，设为 4.90MPa。此时关闭 H_2 入口阀 FRCA6002 和混合气控制阀 FRCA6001，反应器进行升温。

6. 反应器升温

开启开工喷射器 X601 的蒸汽入口阀 V6006，注意调节 V6006 的开度，使反应器温度 TR6006 缓慢升至 210℃；开 V6010，投用换热器 E－602；开启 V6011，投用换热器 E－603，使 TR6004 不超过 100℃。当 TR6004 接近 200℃ 时，依次开启汽包蒸汽出口前阀 VD6007、控制阀 PRCA6005、后阀 VD6008，并将 PRCA6005 投自动，设为 4.3MPa，如果压力变化较快，则可手动控制。

7. 调至正常

调至正常过程较长，并且不易控制，需要慢慢调节；反应开始后，关闭开工喷射器 X601 的蒸汽入口阀 V6006。

缓慢开启 FRCA6001 和 FRCA6002，向系统补加原料气。注意调节 SIC6202 和 FRCA6001，使入口原料气中 H_2 与 CO 的体积比约为 78:1，随着反应的进行，逐步投料至正常（FRCA6001 约为 14 877Nm^3/h），FRCA6001 约为 FRCA6002 的 1 ~ 1.1 倍。将 PRCA6004 投自动，设为 4.90MPa。

有甲醇产出后，依次开启粗甲醇采出现场前阀 VD6003、控制阀 LICA6001、后阀 VD6004，并将 LICA6001 投自动，设为 40%。若液位变化较快，则可手动控制。

如果系统压力 PI6001 超过 5.8MPa，系统安全阀 SV6001 会自动打开，若压力变化较快，可通过减小原料气进气量并开大放空阀 PRCA6004 来调节。投料至正常后，循环气中 H_2 的含量能保持在 79.3% 左右，CO 含量达到 6.29% 左右，CO_2 含量达到 3.5% 左右，这说明体系已基本达到稳态。

体系达到稳态后，投用联锁，并在 DCS 图上单击"F602 液位高或 R601 温度高联锁"按钮和"F601 液位低联锁"按钮。循环气的正常组成见表 7 - 3。

表 7 - 3　循环气的正常组成

组成	CO_2	CO	H_2	CH_4	N_2	Ar	CH_3OH	H_2O	O_2	高沸点物
V%	3.5	6.29	79.31	4.79	3.19	2.3	0.61	0.01	0	0

任务三　甲醇合成工段仿真装置的正常停工过程

1. 停原料气

（1）将 FRCA6001 改为手动，关闭；现场关闭 FRCA6001 前阀 VD6001、后阀 VD6002。

（2）将 FRCA6002 改为手动，关闭；将 PRCA6004 改为手动，关闭。

2. 开蒸汽

开蒸汽阀 V6006，投用 X601，使 TR6006 维持在 210℃ 以上，使残余气体继续反应。

3. 汽包降压

（1）残余气体反应一段时间后，关蒸汽阀 V6006；

（2）将 PRCA6005 改为手动调节，逐渐降压；

（3）关闭 LICA6003 及其前后阀 VD6010、VD6009，停锅炉水。

4. R601 降温

（1）手动调节 PRCA6004，使系统泄压；

（2）开启现场阀 V6008，进行 N_2 置换，使 $H_2+CO_2+CO<1\%$（V）；

（3）保持 PI6001 在 0.5MPa 时，关闭 V6008；

（4）关闭 PRCA6004；

（5）关闭 PRCA6004 的前阀 VD6003、后阀 VD6004。

5. 停 C/T601

（1）关闭现场阀 VD6015，停用压缩机，逐渐关闭 SIC6202；

（2）依次关闭现场阀 VD6013、VD6014、VD6011 和 VD6012。

6. 停冷却水

（1）关闭现场阀 V6010，停冷却水；

（2）关闭现场阀 V6011，停冷却水。

任务四　事故分析与处理

1. 分离罐液位高或反应器温度高联锁

事故原因：F602 液位高或 R601 温度高联锁。

事故现象：分离罐 F602 的液位 LICA6001 高于 70%，或反应器 R601 的温度 TR6006 高于 270℃。原料气进气阀 FRCA6001 和 FRCA6002 关闭，透平电磁阀 SP6001 关闭。

处理方法：等联锁条件消除后，按“SP6001 复位”按钮，透平电磁阀 SP6001 复位；手动开启进料控制阀 FRCA6001 和 FRCA6002。

2. 汽包液位低联锁

事故原因：F601 液位低联锁。

事故现象：汽包 F601 的液位 LICA6003 低于 5%，温度高于 100℃；锅炉水入口阀 LICA6003 全开。

处理方法：等联锁条件消除后，手动调节锅炉水入口控制阀 LICA6003 至正常。

3. 混合气入口阀 FRCA6001 阀卡

事故原因：控制阀 FRCA6001 阀卡。

事故现象：混合气进料量变小，造成系统不稳定。

处理方法：开启混合气入口副线阀 V6001，将流量调至正常。

4. 透平发生故障

事故原因：透平损坏。

事故现象：透平运转不正常，循环压缩机 C601 停。

处理方法：正常停车，修理透平。

5. 催化剂老化

事故原因：催化剂失效。

事故现象：反应速度降低，各成分的含量不正常，反应器温度降低，系统压力升高。

处理方法：正常停车，更换催化剂后重新开车。

6. 循环压缩机坏

事故原因：循环压缩机坏。

事故现象：压缩机停止工作，出口压力等于入口，循环不能继续，导致反应不正常。

处理方法：正常停车，修好压缩机后重新开车。

7. 反应塔温度高报警

事故原因：反应塔温度高。

事故现象：反应塔温度 TR6006 高于 265℃但低于 270℃。

处理方法：

（1）全开汽包上部 PRCA6005 控制阀，释放蒸汽热量；

（2）打开现场锅炉水进料旁路阀 V6005，增大汽包的冷水进量；

（3）将程控阀门 LICA6003 调为手动，全开，增大冷水进入量；

（4）手动打开现场汽包底部排污阀 V6014；

（5）手动打开现场反应塔底部排污阀 V6012；

（6）待温度稳定下降之后，观察下降趋势，当 TR6006 在 260℃时，关闭排污阀 V6012；

（7）将 LICA6003 调至自动，设定液位为 50%；

（8）关闭现场锅炉水进料旁路阀门 V6005；

（9）关闭现场汽包底部排污阀 V6014；

（10）将 PRCA6005 投自动，设定为 4.3MPa。

8. 反应塔温度低报警

事故原因：反应塔温度低。

事故现象：反应塔温度 TR6006 高于 210℃但低于 220℃。

处理方法：

（1）将锅炉水调节阀 LICA6003 调为手动，关闭；

（2）缓慢打开喷射器入口阀 V6006；

（3）当 TR6006 温度为 255℃时，逐渐关闭 V6006。

9. 分离罐液位高报警

事故原因：分离罐液位高。

事故现象：分离罐液位 LICA6001 高于 65%，但低于 70%。

处理方法：打开现场旁路阀 V6003；全开 LICA6001；当液位低于 50% 之后，关闭 V6003；调节 LICA6001，稳定在 40% 时投自动。

10. 系统压力 PI6001 高报警

事故原因：系统压力 PI6001 高。

事故现象：系统压力 PI6001 高于 5.5MPa，但低于 5.7MPa。

处理方法：关小 FRCA6001 的开度至 30%，压力正常后调回；关小 FRCA6002 的开度至 30%，压力正常后调回。

11. 汽包液位低报警

事故原因：汽包液位低。

事故现象：汽包液位 LICA6003 低于 10%，但高于 5%。

处理方法：开现场旁路阀 V6005；全开 LICA6003，增大入水量；当汽包液位上升至 50% 时，关现场 V6005；LICA6003 稳定在 50% 时，投自动。

【项目测评】

一、填空题

1. 甲醇的分子式为（　　　　），相对分子量为（　　　　），甲醇的国家卫生标准为（　　　　），甲醇的密度随温度的增加而（　　　　）。

2. 甲醇为有毒化合物，口服（　　　　）可引起严重中毒，（　　　　）以上可导致失明。

3. 甲醇着火时可以用（　　　　　　　　）灭火。

4. 甲醇合成塔壳程介质为（　　　　），管程介质为（　　　　）。

5. 正常生产中，新鲜气氢碳比的合理值为（　　　　　　　）。

6. 合成汽包液位的低报警值为（　　　　）；低低联锁值为（　　　　），其联锁动作为（　　　　）。

7. 为防止汽包及合成塔的给水系统被腐蚀，应控制汽包排污水的 pH 值指标范围为（　　　　）。

8. 长期停车时对汽包进行干法和湿法保护的目的是（　　　　　　）。

9. 为防火防漏，罐区设有（　　　　）、（　　　　）、（　　　　）、（　　　　）、（　　　　）等设施。

10. 铜基催化剂失活的主要原因有（　　　）、（　　　）、（　　　）。

二、选择题

1. 甲醇合成反应中，空速与所反应瞬间平衡浓度的关系是（　　）。

A. 空速增大，平衡浓度下降　　B. 空速增大，平衡浓度上升

C. 空速增大，平衡浓度不变

2. 甲醇合成反应中，压力与所反应瞬间平衡浓度的关系是（　　）。

A. 压力升高，平衡浓度下降　　B. 压力升高，平衡浓度上升

C. 压力升高，平衡浓度不变

3. 甲醇合成反应中，温度与所反应瞬间平衡浓度的关系是（　　）。

A. 温度升高，平衡浓度下降　　B. 温度升高，平衡浓度上升

C. 温度升高，平衡浓度不变

4. 合成塔运行中，壳程内锅炉水受热上升进入汽包的状态是（　　）。

A. 过热锅炉水　　B. 饱和锅炉水　　C. 饱和蒸汽

5. 热点温度是指（　　）。

A. 合成塔入口温度　　B. 合成塔出口温度

C. 催化剂床层最高一点的温度

6. 铜基催化剂还原后一般要有一个轻负荷运行期，这个时间一般是（　　）。

A. 24 小时　　B. 一周　　C. 15 天。

7. 合成新鲜气停送，合成应采取的正确措施是（　　）。

A. 循环保温　　B. 自然降温　　C. 循环降温

8. 合成塔工序检修停车应采取的正确措施是（　　）。

A. 循环保温　　B. 循环降温　　C. 自然降温

9. 合成汽包液位三冲量控制中，作为主信号的是（　　）。

A. 蒸汽流量　　B. 给水量　　C. 汽包液位

10. 合成水冷器结垢的主要原因是（　　）。

A. 循环水碱度过高　　B. 循环水量少　　C. 循环水 pH 值低

三、问答题

1. 甲醇合成工段的主要任务是什么?

2. 合成甲醇反应的特点是什么?

3. 简述温度、压力、空速对甲醇合成的影响。

4. 在实际操作中为什么尽可能将热点温度维持低些?

5. 如何控制合成塔的温度?

6. 简述合成塔催化剂层温度上涨的原因。

7. 对甲醇合成催化剂的要求是什么?

8. 甲醇合成催化剂为什么要还原?

9. 为什么设置汽包液位低低联锁?

10. 为什么长期停车时需对汽包进行湿法或干法保护?

四、实操训练

1. 低压甲醇合成装置中管束型副产蒸汽合成系统的甲醇合成工段的开车过程。

2. 甲醇合成工段仿真系统中甲醇合成工段的开车过程。

3. 甲醇合成工段仿真系统中甲醇合成工段的正常停车过程。

4. 甲醇合成工段仿真系统中甲醇合成工段的紧急停车过程。

5. 事故分析与处理：分离罐液位高或反应器温度高联锁。

项目八

甲醇精制工段仿真[①]

［学习目标］

<table>
<tr><td colspan="2">总体技能目标</td><td>能根据生产要求正确分析工艺条件；能对本工段的开停工、生产事故处理等仿真进行正确操作，具备岗位操作的基本技能；能初步优化生产工艺过程</td></tr>
<tr><td rowspan="3">具体目标</td><td>能力目标</td><td>（1）能根据生产任务查阅相关书籍与文献资料；
（2）能正确选择工艺参数，具备在操作过程中调节工艺参数的能力；
（3）能对本工段开车、停车、事故处理仿真进行正确的操作；
（4）能对生产中的异常现象进行分析诊断，具有事故判断与处理的能力</td></tr>
<tr><td>知识目标</td><td>（1）掌握甲醇精制工艺的原理及工艺过程；
（2）掌握甲醇精制工艺主要设备的工作原理与结构组成；
（3）熟悉工艺参数对生产操作过程的影响，会进行工艺条件的选择</td></tr>
<tr><td>素质目标</td><td>（1）学生应具备化工生产规范操作意识、判断力和紧急应变能力；
（2）学生应具备综合分析问题和解决问题的能力；
（3）学生应具备职业素养、安全生产意识、环境保护意识及经济意识</td></tr>
</table>

任务一　甲醇精制工段仿真装置概况

甲醇合成的生成物与合成反应的条件有密切的关系。粗甲醇的组成有 40 多种，包含醇、醛、酮、醚、酸、烷烃等。如有氮的存在，则有易挥发的胺类，其他还含有少量生产系统带来的羰基铁及微量的催化剂等杂质。表 8－1 所示的是粗甲醇中的具有一定代表性的部分有机物。

表 8－1　按沸点顺序排列的粗甲醇组分

组分	沸点/℃	组分	沸点/℃	组分	沸点/℃
二甲醚	－23.7	甲醇	64.7	异丁醇	107.0
乙醚	20.2	异丙烯醚	67.5	正丁醇	117.7

① 东方仿真在线仿真系统网址：www. simnet. net. cn。

续表

组分	沸点/℃	组分	沸点/℃	组分	沸点/℃
甲酸甲酯	31.8	正己烷	69.0	异丁醚	122.3
二乙醚	34.6	乙醇	78.4	二异丙基酮	123.7
正戊烷	36.4	甲乙酮	79.6	正辛烷	125.0
丙醛	48.0	正戊醇	97.0	异戊醇	130.0
丙烯醛	52.5	正庚烷	98.0	4－甲基戊醇	131.0
醋酸甲酯	54.1	水	100.0	正戊醇	138.0
丙酮	56.5	甲基异丙酮	101.7	正壬烷	150.7
异丁醛	64.5	醋酐	103.0	正癸烷	174.0

根据杂质的化学性质划分，粗甲醇中的杂质可以分为有机杂质、水、还原性杂质和增加电导率的杂质等。

（1）有机杂质包含醇、醛、酮、醚、酸、烷烃等有机物。根据其沸点，可将其分为轻组分和重组分。精馏的关键是将这些杂质与甲醇进行分离。

（2）水的含量仅次于甲醇，水与甲醇及有机物形成多元混合物，给彻底分离水分带来困难，同时难免与有机组分甚至甲醇一起被排出，造成精制过程中甲醇的流失。

（3）还原性杂质多为碳碳双键或碳氧双键，很容易被氧化，从而影响精甲醇的稳定性，其主要体现在高锰酸钾值的降低。还原性杂质主要有异丁醛、丙烯醛、二异丙基酮、甲酸等，这些杂质易氧化的程度，以烯类最严重，仲醇、胺、醛类次之。

（4）增加电导率的杂质主要有胺、酸、金属等，粗甲醇中不溶物杂质的增加，也会明显增加其电导率。

粗甲醇精制工序的目的就是脱除粗甲醇中的杂质，从而获得高纯度的精甲醇。精制的方法包括精馏与化学方法。目前工业上甲醇的精馏主要有双塔精馏、三塔精馏和四塔精馏三类方法。

本仿真培训系统为甲醇精制工段，本软件是根据甘肃某化工厂年产 20 万吨的甲醇项目开发的，本工段采用四塔（3＋1）精馏工艺，包括预塔、加压塔、常压塔及甲醇回收塔。预塔的主要目的是除去粗甲醇中溶解的气体（如 CO_2、CO、H_2 等）及低沸点组分（如二甲醚、甲酸甲酯），加压塔及常压塔的目的是除去水及高沸点杂质（如异丁基油），同时获得高纯度的优质甲醇产品。另外，为了减少废水排放，可增设甲醇回收塔，进一步回收甲醇，从而减少废水中甲醇的含量。工艺特点如下所述：

（1）三塔精馏加回收塔（3+1）工艺流程的主要特点是热能的合理利用，即采用双效精馏方法，将加压塔塔顶气相的冷凝潜热用作常压塔塔釜再沸器热源。

（2）废热回收：其一是将天然气蒸汽转化为工段的转化气作为加压塔再沸器热源；其二是加压塔辅助再沸器、预塔再沸器冷凝水用来预热进料粗甲醇；其三是加压塔塔釜出料与加压塔进料充分换热。

一、甲醇精制工段仿真的工艺流程

1. 甲醇精制工段仿真流程简述

从甲醇合成工段来的粗甲醇进入粗甲醇预热器（E－0401）与预塔再沸器（E－0402）、加压塔再沸器（E－0406B）和回收塔再沸器（E－0414）来的冷凝水进行换热后进入预塔（D－0401），经D－0401分离后，塔顶气相为二甲醚、甲酸甲酯、二氧化碳、甲醇等蒸汽，经二级冷凝后，不凝气通过火炬排放，冷凝液中补充脱盐水返回D－0401作为回流液，塔釜为甲醇水溶液，经P－0403增压后用加压塔（D－0402）塔釜出料液在E－0405中进行预热，然后进入D－0402。

经D－0402分离后，塔顶气相为甲醇蒸汽，在与常压塔（D－0403）塔釜液换热后，一部分返回D－0402打回流，另一部分被采出并作为精甲醇产品，经E－0407冷却后送中间罐区产品罐。塔釜出料液在E－0405中与进料换热后作为E－0403塔的进料。

在D－0403中，甲醇与轻、重组分以及水得以彻底分离，塔顶气相为含微量不凝气的甲醇蒸汽，经冷凝后，不凝气通过火炬排放，一部分冷凝液返回D－0403打回流，另一部分被采出并作为精甲醇产品，经E－0410冷却后送中间罐区产品罐。将塔下部侧线采出的杂醇油作为回收塔（D－0404）的进料。塔釜出料液为含微量甲醇的水，经P－0409增压后送污水处理厂。

经D－0404分离后，塔顶产品为精甲醇。经E－0415冷却后，精甲醇中的一部分返回D－0404回流，另一部分送精甲醇罐。将塔中部侧线采出的异丁基油送中间罐区副产品罐，而底部的少量废水与D－0403塔底废水合并。图8－1所示为常压塔DCS界面。

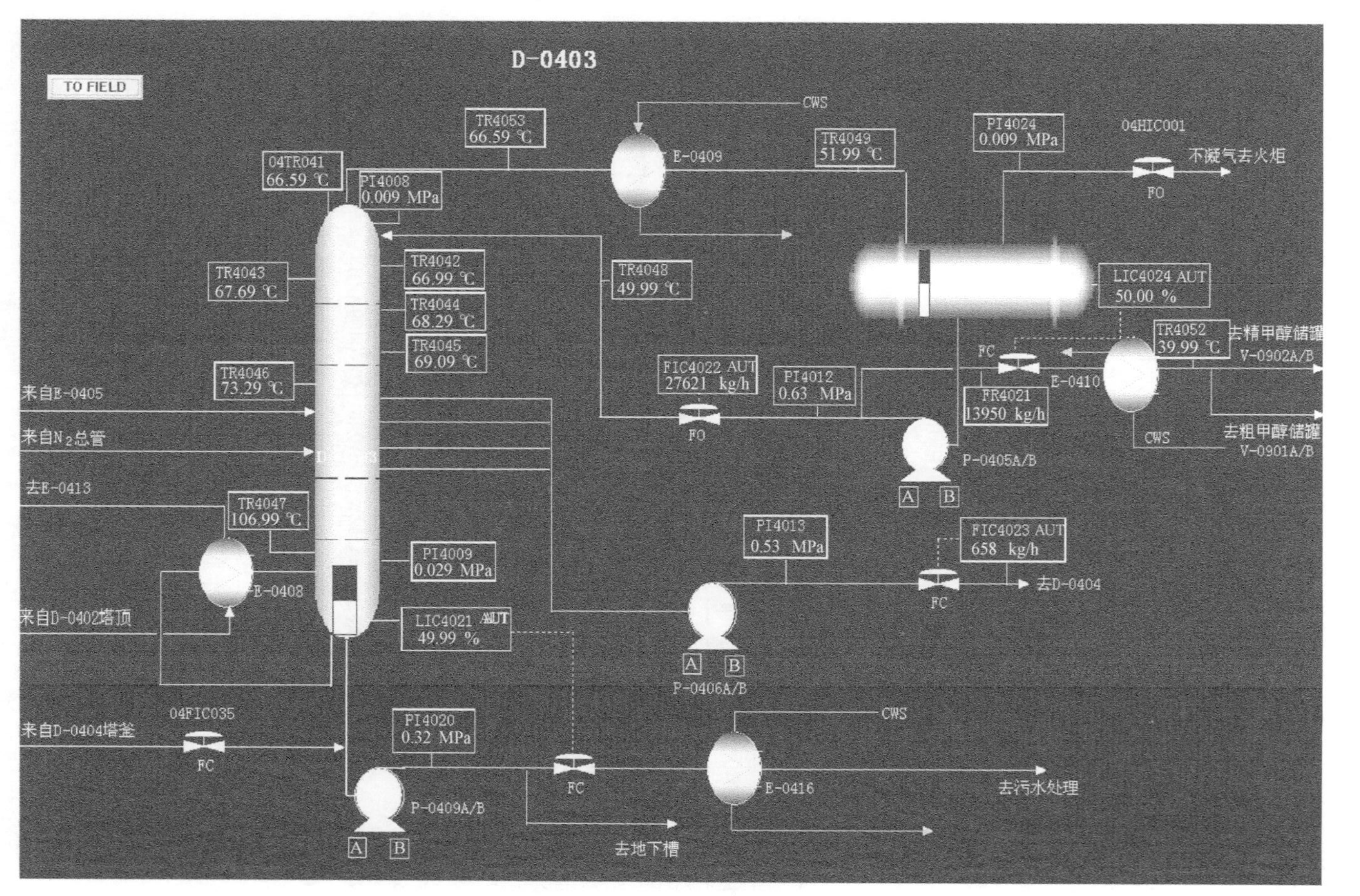

图 8-1　常压塔DCS界面

2. 复杂控制方案说明

甲醇精制工段的复杂控制回路主要是串级回路，其使用了液位与流量串级回路和温度与流量串级回路。

串级回路是在简单调节系统的基础上发展起来的。在结构上，串级回路调节系统有两个闭合回路。主、副调节器串联，主调节器的输出为副调节器的给定值，系统通过副调节器的输出操纵调节阀动作，实现对主参数的定值调节，所以在串级回路调节系统中，主回路是定值调节系统，副回路是随动系统。例如：预塔 D-0401 的塔釜温度控制 TIC005 和再沸器热物流进料 FIC005 构成一串级回路。温度调节器的输出值同时是流量调节器的给定值，即流量调节器 FIC005 的 SP 值由温度调节器 TIC005 的输出 OP 值控制，并随着 TIC005. OP 的变化，FIC005. SP 也产生相应的变化。

3. 甲醇精制工段仿真的主要设备（见表 8-2）

表 8-2 甲醇精制工段仿真的主要设备

序号	设备位号	名称	序号	设备位号	名称
1	E-0401	粗甲醇预热器	16	P-0404A/B	加压塔回流泵
2	E-0402	预塔再沸器	17	E-0409	常压塔冷凝器
3	E-0403	预塔一级冷凝器	18	E-0410	精甲醇冷却器
4	D-0401	预塔	19	E-0416	废水冷却器
5	P-0402A/B	预塔回流泵	20	D-0403	常压塔
6	P-0403A/B	预后泵	21	V-0406	常压塔回流罐
7	V-0403	预塔回流罐	22	P-0405A/B	常压塔回流泵
8	E-0405	加压塔预热器	23	P-0406A/B	回收塔进料泵
9	E-0406A	加压塔蒸汽再沸器	24	P-0409A/B	废液泵
10	E-0406B	加压塔转化气再沸器	25	E-0414	回收塔再沸器
11	E-0407	精甲醇冷却器	26	E-0415	回收塔冷凝器
12	E-0408	冷凝再沸器	27	D-0404	回收塔
13	E-0413	加压塔二冷	28	V-0407	回收塔回流罐
14	D-0402	加压塔	29	P-0411A/B	回收塔回流泵
15	V-0405	加压塔回流罐	30		

二、甲醇精制工段仿真主要设备的工艺控制指标

正常工况下的工艺参数如下：

（1）将进料温度 TIC4001 设为自动控制，设定值为 72℃。

（2）将预塔塔顶压力 PIC4003 设为自动控制，设定值为 0.03MPa。

（3）将预塔塔顶回流流量 FIC4004 设为串级，设定值为 16 690 kg/h；将 LIC4005 设为自动控制，设定值为 50%。

（4）将预塔塔釜采出量 FIC4002 设为串级，设定值为 35 176 kg/h；将 LIC4001 设为自动，设定值为 50%。

（5）将预塔加热蒸汽量 FIC4005 设为串级，设定值为 11 200 kg/h；将 TRC4005 设为自动，设定值为 77.4℃。

（6）将加压塔加热蒸汽量 FIC4014 设为串级，设定值为 15 000 kg/h；将 TRC4027 设为自动，设定值为 134.8℃。

（7）将加压塔塔顶压力 PIC4007 设为自动，设定值为 0.65MPa。

（8）将加压塔塔顶回流量 FIC4013 设为自动，设定值为 37 413 kg/h。

（9）将加压塔回流罐液位 LIC4014 设为自动，设定值为 50%。

（10）将加压塔塔釜采出量 FIC4007 设为串级，设定值为 22 747 kg/h；将 LIC4011 设为自动，设定值为 50%。

（11）将常压塔塔顶回流流量 FIC4022 设为自动，设定值为 27 621 kg/h。

（12）将常压塔回流罐液位 LIC4024 设为自动，设定值为 50%。

（13）将常压塔塔釜液位 LIC4021 设为自动，设定值为 50%。

（14）将常压塔侧线采出量 FIC4023 设为自动，设定值为 658 kg/h。

（15）将回收塔加热蒸汽量 FIC4031 设为串级，设定值为 700 kg/h；将 TRC4065 设为自动，设定值为 107℃。

（16）将回收塔塔顶回流流量 FIC4032 设为自动，设定值为 1 188 kg/h。

（17）将回收塔塔顶采出量 FIC4036 设为串级，设定值为 135 kg/h；将 LIC4016 设为自动，设定值为 50%。

（18）将回收塔塔釜采出量 FIC4035 设为串级，设定值为 346 kg/h；将 LIC4031 设为自动，设定值为 50%。

（19）将回收塔侧线采出量 FIC4034 设为自动，设定值为 175 kg/h。

三、甲醇精制工段仿真装置的工艺控制指标

1. 预塔仪表一览表（见表8－3～表8－6）

表8－3　预塔仪表

位号	说明	类型	正常值	工程单位
FR4001	D－0401 进料量	AI	33 201	kg/h
FR4003	D－0401 脱盐水流量	AI	2 300	kg/h
FIC4002	D－0401 塔釜采出量控制	PID	35 176	kg/h
FIC4004	D－0401 塔顶回流量控制	PID	16 690	kg/h
FIC4005	D－0401 加热蒸汽量控制	PID	11 200	kg/h
TIC4001	D－0401 进料温度控制	PID	72	℃
TR4075	E－0401 热侧出口温度	AI	95	℃
04TR002	D－0401 塔顶温度	AI	73.9	℃
TR4003	D－0401 Ⅰ与Ⅱ填料间温度	AI	75.5	℃
TR4004	D－0401 Ⅱ与Ⅲ填料间温度	AI	76	℃
TR4005	D－0401 塔釜温度控制	PID	77.4	℃
TR4007	E－0403 出料温度	AI	70	℃
TR4010	D－0401 回流液温度	AI	68.2	℃
PI4001	D－0401 塔顶压力	AI	0.03	MPa
PIC4003	D－0401 塔顶气相压力控制	PID	0.03	MPa
PI4002	D－0401 塔釜压力	AI	0.038	MPa
PI4004	P－0403A/B 出口压力	AI	1.27	MPa
PI4010	P－0402A/B 出口压力	AI	0.49	MPa
LIC4005	V－0403 液位控制	PID	50	%
LIC4001	D－0401 塔釜液位控制	PID	50	%

表8－4　加压塔仪表

位号	说明	类型	正常值	工程单位
FIC4007	D－0402 塔釜采出量控制	PID	22 747	kg/h
FIC4013	D－0402 塔顶回流量控制	PID	37 413	kg/h

续表

位号	说明	类型	正常值	工程单位
FIC4014	E－0406B 蒸汽流量控制	PID	15 000	kg/h
FR4011	D－0402 塔顶采出量	AI	12 430	kg/h
TR4021	D－0402 进料温度	AI	116.2	℃
04TR022	D－0402 塔顶温度	AI	128.1	℃
TR4023	D－0402 Ⅰ与Ⅱ填料间温度	AI	128.2	℃
TR4024	D－0402 Ⅱ与Ⅲ填料间温度	AI	128.4	℃
TR4025	D－0402 Ⅱ与Ⅲ填料间温度	AI	128.6	℃
TR4026	D－0402 Ⅱ与Ⅲ填料间温度	AI	132	℃
TIC4027	D－0402 塔釜温度控制	PID	134.8	℃
TR4051	E－0413 热侧出口温度	AI	127	℃
TR4032	D－0402 回流液温度	AI	125	℃
TR4029	E－0407 热侧出口温度	AI	40	℃
PI4005	D－0402 塔顶压力	AI	0.70	MPa
PIC4007	D－0402 塔顶气相压力控制	PID	0.65	MPa
PI4011	P－0404A/B 出口压力	AI	1.18	MPa
PI4006	D－0402 塔釜压力	AI	0.71	MPa
LIC4014	V－0405 液位控制	PID	50	%
LIC4011	D－0402 塔釜液位控制	PID	50	%

表 8－5　常压塔仪表

位号	说明	类型	正常值	工程单位
FIC4022	D－0403 塔顶回流量控制	PID	27 621	kg/h
FR4021	D－0403 塔顶采出量	AI	13 950	kg/h
FIC4023	D－0403 侧线采出异丁基油量控制	PID	658	kg/h
04TR041	D－0403 塔顶温度	AI	66.6	℃
TR4042	D－0403 Ⅰ与Ⅱ填料间温度	AI	67	℃
TR4043	D－0403 Ⅱ与Ⅲ填料间温度	AI	67.7	℃
TR4044	D－0403 Ⅲ与Ⅳ填料间温度	AI	68.3	℃
TR4045	D－0403 Ⅳ与Ⅴ填料间温度	AI	69.1	℃

续表

位号	说明	类型	正常值	工程单位
TR4046	D-0403 V 填料与塔盘间温度	AI	73.3	℃
TR4047	D-0403 塔釜温度控制	AI	107	℃
TR4048	D-0403 回流液温度	AI	50	℃
TR4049	E-0409 热侧出口温度	AI	52	℃
TR4052	E-0410 热侧出口温度	AI	40	℃
TR4053	E-0409 入口温度	AI	66.6	℃
PI4008	D-0403 塔顶压力	AI	0.01	MPa
PI4024	V-0406 平衡管线压力	AI	0.01	MPa
PI4012	P-0405A/B 出口压力	AI	0.64	MPa
PI4013	P-0406A/B 出口压力	AI	0.54	MPa
PI4020	P-0409A/B 出口压力	AI	0.32	MPa
PI4009	D-0403 塔釜压力	AI	0.03	MPa
LIC4024	V-0406 液位控制	PID	50	%
LIC4021	D-0403 塔釜液位控制	PID	50	%

表 8-6　回收塔仪表

位号	说明	类型	正常值	工程单位
FIC4032	D-0404 塔顶回流量控制	PID	1 188	kg/h
FIC4036	D-0404 塔顶采出量	PID	135	kg/h
FIC4034	D-0404 侧线采出异丁基油量控制	PID	175	kg/h
FIC4031	E-0414 蒸汽流量控制	PID	700	kg/h
FIC4035	D-0404 塔釜采出量控制	PID	347	kg/h
TR4061	D-0404 进料温度	PID	87.6	℃
04TR062	D-0404 塔顶温度	AI	66.6	℃
TR4063	D-0404 Ⅰ与Ⅱ填料间温度	AI	67.4	℃
TR4064	D-0404 第Ⅱ层填料与塔盘间温度	AI	68.8	℃
TR4056	D-0404 第 14 与 15 间温度	AI	89	℃
TR4055	D-0404 第 10 与 11 间温度	AI	95	℃
TR4054	D-0404 塔盘 6、7 间温度	AI	106	℃

续表

位号	说明	类型	正常值	工程单位
TR4065	D－0404 塔釜温度控制	AI	107	℃
TR4066	D－0404 回流液温度	AI	45	℃
TR4072	E－0415 壳程出口温度	AI	47	℃
PI4021	D－0404 塔顶压力	AI	0.01	MPa
PI4033	P－0411A/B 出口压力	AI	0.44	MPa
PI4022	D－0404 塔釜压力	AI	0.03	MPa
LIC4016	V－0407 液位控制	PID	50	%
LIC4031	D－0404 塔釜液位控制	PID	50	%

2. 报警说明（见表 8－7）

表 8－7　警报说明

序号	模入点名称	模入点描述	报警类型
1	FR4001	预塔 D－0401 进料量	LOW
2	FR4003	预塔 D－0401 脱盐水流量	HI
3	FR4002	预塔 D－0401 塔釜采出量	HI
4	FR4004	预塔 D－0401 塔顶回流量	HI
5	FR4005	预塔 D－0401 加热蒸汽量	HI
6	TR4001	预塔 D－0401 进料温度	LOW
7	TR4075	E－0401 热侧出口温度	LOW
8	TR4002	预塔 D－0401 塔顶温度	HI
9	TR4003	预塔 D－0401 Ⅰ与Ⅱ填料间温度	HI
10	TR4004	预塔 D－0401 Ⅱ与Ⅲ填料间温度	HI
11	TR4005	预塔 D－0401 塔釜温度	HI
12	TR4007	E－0403 出料温度	HI
13	TR4010	预塔 D－0401 回流液温度	HI
14	PI4001	预塔 D－0401 塔顶压力	LOW
15	PI4010	预塔回流泵 P－0402A/B 出口压力	LOW
16	LI4005	预塔回流罐 V－0403 液位	HI

续表

序号	模入点名称	模入点描述	报警类型
17	LI4001	预塔 D－0401 塔釜液位	LOW
18	FR4007	加压塔 D－0402 塔釜采出量	HI
19	FR4013	加压塔 D－0402 塔顶回流量	HI
20	FR4014	加压塔转化气再沸器 E－0406B 蒸汽流量	HI
21	FR4011	加压塔 D－0402 塔顶采出量	LOW
22	TR4021	加压塔 D－0402 进料温度	LOW
23	TR4022	加压塔 D－0402 塔顶温度	HI
24	TR4026	加压塔 D－0402 Ⅱ与Ⅲ填料间温度	HI
25	TR4051	加压塔二冷 E－0413 热侧出口温度	HI
26	TR4032	加压塔 D－0402 回流液温度	HI
27	PI4005	加压塔 D－0402 塔顶压力	LOW
28	LI4014	加压塔回流罐 V－0405 液位	HI
29	LI4011	加压塔 D－0402 塔釜液位	LOW
30	LI4027	转化器第二分离器 V－0409 液位	HI
31	FR4022	常压塔 D－0403 塔顶回流量控制	HI
32	FR4021	常压塔 D－0403 塔顶采出量	LOW
33	FR4023	常压塔 D－0403 侧线采出异丁基油量	HI
34	TR4041	常压塔 D－0403 塔顶温度	HI
35	TR4045	常压塔 D－0403 Ⅳ与Ⅴ填料间温度	HI
36	TR4046	常压塔 D－0403 Ⅴ填料与塔盘间温度	HI
37	TR4047	常压塔 D－0403 塔釜温度控制	HI
38	TR4048	常压塔 D－0403 回流液温度	HI
39	TR4049	常压塔冷凝器 E－0409 热侧出口温度	HI
40	TR4052	精甲醇冷却器 E－0410 热侧出口温度	HI
41	TR4053	常压塔冷凝器 E－0409 入口温度	HI
42	PI4008	常压塔 D－0403 塔顶压力	LOW
43	PI4024	常压塔回流罐 V－0406 平衡管线压力	LOW
44	LI4024	常压塔回流罐 V－0406 液位控制	HI

续表

序号	模入点名称	模入点描述	报警类型
45	LI4021	常压塔 D－0403 塔釜液位控制	LOW
46	FR4032	回收塔 D－0404 塔顶回流量控制	HI
47	FR4036	回收塔 D－0404 塔顶采出量	LOW
48	FR4034	回收塔 D－0404 侧线采出异丁基油量控制	HI
49	FR4031	回收塔再沸器 E－0414 蒸汽流量控制	HI
50	FR4035	回收塔 D－0404 塔釜采出量控制	HI
51	TR4061	回收塔 D－0404 进料温度	LOW
52	TR4062	回收塔 D－0404 塔顶温度	HI
53	TR4063	回收塔 D－0404 Ⅰ与Ⅱ填料间温度	HI
54	TR4064	回收塔 D－0404 第Ⅱ层填料与塔盘间温度	HI
55	TR4056	回收塔 D－0404 第 14 与 15 间温度	HI
56	TR4055	回收塔 D－0404 第 10 与 11 间温度	HI
57	TR4054	回收塔 D－0404 塔盘 6、7 间温度	HI
58	TR4065	回收塔 D－0404 塔釜温度控制	HI
59	TR4066	回收塔 D－0404 回流液温度	HI
60	TR4072	回收塔冷凝器 E－0415 壳程出口温度	HI
61	PI4021	回收塔 D－0404 塔顶压力	LOW
62	LI4016	回收塔回流罐 V－0407 液位控制	HI
63	LI4031	回收塔 D－0404 塔釜液位控制	LOW
64	LI4012	异丁基油中间罐 V－0408 液位	HI

任务二　甲醇精制工段仿真装置的冷态开工过程

甲醇精制工段仿真装置的冷态开工状态为所有装置处于常温、常压下，各调节阀处于手动关闭状态，各手动操作阀处于关闭状态，可以直接进冷物流。

1. 预塔、加压塔和常压塔开车

（1）打开粗甲醇预热器 E－0401 的进口阀门 VA4001（>50%），向预塔 D－0401 进料。

（2）待塔顶压力大于0.02MPa时，调节预塔排气阀FV4003，使塔顶压力维持在0.03MPa左右。

（3）在预塔D－0401塔底液位超过80%后，打开泵P－0403A的入口阀，启动泵。

（4）再打开泵出口阀，启动预后泵。

（5）手动打开调节阀FV4002（>50%），向加压塔D－0402进料。

（6）在加压塔D－0402塔底液位超过60%后，手动打开塔釜液位调节阀FV4007（>50%），向常压塔D－0403进料。

（7）通过调节蒸汽阀FV4005的开度，给预塔再沸器E－0402加热；通过调节阀门PV4007的开度，使加压塔回流罐压力维持在0.65MPa；通过调节FV4014的开度，给加压塔再沸器E－0406B加热；通过调节TV4027的开度，给加压塔再沸器E－0406A加热。

（8）通过调节阀门HV4001的开度，使常压塔回流罐压力维持在0.01MPa。

（9）当预塔回流罐有液体产生时，开脱盐水阀VA4005，在冷凝液中补充脱盐水，开预塔回流泵P－0402A入口阀，启动泵，打开泵出口阀，启动回流泵。

（10）通过调节阀门FV4004的开度（>40%）来控制回流量，维持回流罐V－0403液位在40%以上。

（11）当加压塔回流罐有液体产生时，打开加压塔回流泵P－0404A入口阀，启动泵，打开泵出口阀，启动回流泵。调节阀门FV4013的开度（>40%）来控制回流量，维持回流罐V－0405液位在40%以上。

（12）回流罐V－0405液位无法维持时，依次打开LV4014和VA4052，采出塔顶产品。

（13）当常压塔回流罐有液体产生时，开常压塔回流泵P－0405A入口阀，启动泵，打开泵出口阀。调节阀门FV4022的开度（>40%），维持回流罐V－0406液位在40%以上。

（14）回流罐V－0406液位无法维持时，打开FV4024，采出塔顶产品。

（15）维持常压塔塔釜液位在80%左右。

2. 回收塔开车

（1）常压塔侧线采出杂醇油作为回收塔D－0404进料，打开侧线采出阀VD4029～VD4032，开回收塔进料泵P0406A入口阀，启动泵，打开泵出口阀。调节阀门FV4023的开度（>40%）来控制采出量，打开回收塔进料阀VD4033～VD4037。

（2）待塔 D－0404 塔底液位超过 50% 后，手动打开流量调节阀 FV4035，与 D－0403 塔底污水合并。

（3）通过调节蒸汽阀 FV4031 的开度，给再沸器 E－0414 加热。

（4）通过调节阀门 VA4046 的开度，使回收塔压力维持在 0.01MPa。

（5）当回流罐有液体产生时，打开回流泵 P－0411A 入口阀，启动泵，开泵出口阀，调节阀门 FV4032 的开度（>40%），维持回流罐 V－0407 液位在 40% 以上。

（6）回流罐 V－0407 液位无法维持时，逐渐打开 FV4036，采出塔顶产品。

3. 调节至正常

（1）通过调整 PIC4003 开度，使预塔 PIC4003 达到正常值。

（2）调节 FV4001，进料温度稳定至正常值。

（3）逐步调整预塔回流量 FIC4004 至正常值。

（4）逐步调整塔釜出料量 FIC4002 至正常值。

（5）通过调整加热蒸汽量 FIC4005 控制预塔塔釜温度 TIC4005 至正常值。

（6）通过调节 PIC007 的开度，使加压塔压力稳定。

（7）逐步调整加压塔回流量 FIC013 至正常值。

（8）打开 LIC4014 和 FIC4007 出料，注意加压塔回流罐、塔釜液位。

（9）通过调整加热蒸汽量 FIC4014 和 TIC4027 来控制加压塔塔釜温度 TIC4027 至正常值。

（10）打开 LIC4024 和 LIC4021 出料，注意常压塔回流罐、塔釜液位。

（11）打开 FIC4036 和 FIC4035 出料，注意回收塔回流罐、塔釜液位。

（12）通过调整加热蒸汽量 FIC4031 控制回收塔塔釜温度 TIC4065 至正常值。

（13）将各控制回路设为自动，各参数稳定并与工艺设计值吻合后，设定产品采出串级。

任务三　甲醇精制工段仿真装置的正常停工过程

1. 预塔停车

（1）手动逐步关小进料阀 VA4001，使进料降至正常进料量的 70%。

（2）在降负荷过程中，尽量通过 FV4002 排出塔釜产品，使 LIC4001 降至 30% 左右。

（3）关闭调节阀 VA4001，停止预塔进料。

（4）关闭阀门 FV4005，停止预塔再沸器的加热蒸汽。

（5）手动关闭 FV4002，停止产品采出。

（6）打开塔釜泄液阀 VA4012，排出不合格产品，并控制塔釜降低液位。

（7）关闭脱盐水阀门 VA4005。

（8）停止进料和再沸器后，回流罐中的液体全部通过回流泵打入塔，以降低塔内温度。

（9）当回流罐液位降至 5%，停止回流，关闭调节阀 FV4004。

（10）当塔釜液位降至 5%，关闭泄液阀 VA4012。

（11）当塔压降至常压后，关闭 FV4003。

（12）预塔温度降至 30℃左右时，关冷凝器冷凝水。

2. 加压塔停车

（1）在加压塔 VA4052 采出精甲醇后改去粗甲醇储槽 VA4053。

（2）尽量通过 LV4014 排出回流罐中的液体产品，使回流罐液位 LIC4014 在 20% 左右。

（3）尽量通过 FV4007 排出塔釜产品，使 LIC4011 降至 30% 左右。

（4）关闭阀门 FV4014 和 TV4027，停止加压塔再沸器的加热蒸汽。

（5）手动关闭 LV4014 和 FV4007，停止产品采出。

（6）打开塔釜泄液阀 VA4023，排不合格产品，并控制塔釜降低液位。

（7）停止进料和再沸器后，回流罐中的液体全部通过回流泵打入塔，以降低塔内温度。

（8）当回流罐液位降至 5% 时，停止回流，关闭调节阀 FV4013。

（9）当塔釜液位降至 5% 时，关闭泄液阀 VA4023。

（10）当塔压降至常压后，关闭 PV4007。

（11）加压塔温度降至 30℃左右时，关冷凝器冷凝水。

3. 常压塔停车

（1）在常压塔 VA4054 采出精甲醇后改去粗甲醇储槽 VA4055。

（2）尽量通过 FV4024 排出回流罐中的液体产品，使回流罐液位 LIC4024 在 20% 左右。

（3）尽量通过 FV4021 排出塔釜产品，使 LIC4021 降至 30% 左右。

（4）手动关闭 FV4024，停止产品采出。

（5）打开塔釜泄液阀 VA4035，排出不合格产品，并控制塔釜降低液位。

（6）停止进料和再沸器后，回流罐中的液体全部通过回流泵打入塔，以降低塔内温度。

（7）当回流罐液位降至 5% 时，停止回流，关闭调节阀 FV4022。

（8）当塔釜液位降至5%时，关闭泄液阀VA4035。

（9）当塔压降至常压后，关闭HV4001。

（10）关闭侧线采出阀FV4023。

（11）常压塔温度降至30℃左右时，关冷凝器冷凝水。

4. 回收塔停车

（1）在回收塔VA4056采出精甲醇后改去粗甲醇储槽VA4057。

（2）尽量通过FV4036排出回流罐中的液体产品，使回流罐液位LIC4016在20%左右。

（3）尽量通过FV4035排出塔釜产品，使LIC4031降至30%左右。

（4）手动关闭FV4036和FV4035，停止产品采出。

（5）停止进料和再沸器后，回流罐中的液体全部通过回流泵打入塔，以降低塔内温度。

（6）当回流罐液位降至5%时，停止回流，关闭调节阀FV4032。

（7）当塔釜液位降至5%时，关闭泄液阀FV4035。

（8）当塔压降至常压后，关闭VA4046。

（9）关闭侧线采出阀FV4034。

（10）回收塔温度降至30℃左右时，关冷凝器冷凝水。

（11）关闭FV4021。

任务四　事故分析与处理

1. 回流控制阀FV4004发生阀卡故障

原因：回流控制阀FV4004阀卡。

现象：回流量减小，塔顶温度上升，压力增大。

处理：打开旁路阀VA4009，保持回流。

2. 回流泵P-0402A发生故障

原因：回流泵P-0402A的泵坏了。

现象：P-0402A断电，回流中断，塔顶的压力、温度上升。

处理：启动备用泵P-0402B。

3. 回流罐V-0403液位超高

原因：回流罐V-0403液位超高。

现象：V-0403液位超高，塔温度下降。

处理：启动备用泵P-0402B。

【项目测评】

一、填空题

1. 加压精馏塔的塔顶压力为（　　　　），温度为（　　　　）；塔釜压力为（　　　　），温度为（　　　　）。

2. 精馏塔的压力降是指（　　　　　　　　）。

3. 四台精馏塔的压降依次为（　　　　）、（　　　　）、（　　　　）、（　　　　）。

4. 写出下面设备名称的位号：精甲醇成品罐（　　　　），常压塔回流槽（　　　　），常压塔冷凝器（　　　　），配碱槽（　　　　）。

5. FO 代表该调节阀为（　　　　）阀，FC 代表该调节阀为（　　　　）。

6. 回收塔进料中的甲醇含量约占（　　　　　　）%，因此主要成分是水，要使甲醇有效回收，必须适当提高塔釜温度，一般回收塔釜温度应控制在（　　　　　　），塔顶温度应控制在（　　　　　　）。

7. 塔釜液位是维持塔釜温度的必要条件，正确的液面应保持在（　　　　）的下沿。

8. 预塔进料温度一般预热至（　　　　）℃左右，常压塔回流液温度一般通过（　　　　）来控制。

9. 美国联邦精甲醇标准 O－M232M，AA 级优等品指标中要求：甲醇最低含量（wt.%）为（　　　　），酸度（以乙酸计最大含量 wt.%）为（　　　　）。

10. 精馏塔内的三大平衡是指（　　　　）、（　　　　）、（　　　　）。

二、选择题

1. 精馏系统中，预塔、加压塔、回收塔再沸器的供热源是（　　）。

A. 高压蒸汽　　B. 中压蒸汽　　C. 低压蒸汽

2. 粗甲醇精馏时加碱的作用是（　　）。

A. 中和粗甲醇中的有机酸　　B. 脱出与甲醇沸点相近的轻组分

C. 改善粗甲醇的稳定性

3. 精甲醇产品中水分超标的主要原因是（　　）。

A. 精馏塔塔釜温度高　　B. 回流比大　　C. 采出温度过高

4. 合成系统惰性气体含量高的原因是（　　）。

A. 驰放气量过大　　B. 驰放气量过小

C. 新鲜气中惰性气体含量变少

5. 精馏塔出现液泛时的处理方法正确的是（　　）。

A. 加萃取水　　B. 降低塔釜温度　　C. 减少回流

6. 精馏塔出现淹塔的原因是（　　）。

A. 进料量过大或加热蒸汽量过少　B. 进料量过少或加热蒸汽量过大

C. 回流量小

7. 预塔底温度低的原因是（　　）。

A. 加热蒸汽量过少　　B. 加热蒸汽量过大　　C. 进料温度高

8. 预塔底甲醇溶液显酸性的原因是（　　）。

A. 加碱量大　　B. 加碱量少　　C. 粗甲醇显酸性

9. 精馏工序停车时，下面的做法正确的是（　　）。

A. 先停产品采出后停蒸汽　　B. 先停蒸汽后停产品采出

C. 产品采出和蒸汽同时进行

10. 预塔底甲醇液的比重大的原因是（　　）。

A. 加萃取水量过大　　B. 加萃取水量过小　　C. 预塔回流量过大

三、问答题

1. 什么叫液泛？如何处理？
2. 精甲醇精馏的目的是什么？
3. 预精馏塔加萃取水对精馏操作起到什么作用？
4. 甲醇储罐顶部安装阻火器的作用原理是什么？
5. 什么是填料塔？有何优缺点？
6. 精甲醇产品中有哪些常见的质量问题？
7. 精馏岗位突然断电时应如何处理？
8. 加压精馏的目的是什么？何谓双效法精馏？
9. 叙述精馏工序的短期停车程序。
10. 粗甲醇加碱的作用是什么？

四、实操训练

1. 甲醇精制工段仿真系统中甲醇精馏工段的开车过程。
2. 甲醇精制工段仿真系统中甲醇精馏工段的正常停车过程。
3. 甲醇精制工段仿真系统中甲醇精馏工段的紧急停车过程。
4. 事故分析与处理：回流控制阀 FV4004 发生阀卡故障。
5. 事故分析与处理：回流泵 P－0402A 发生故障。

项目九

聚丙烯生产工艺仿真[①]

［学习目标］

<table>
<tr><td colspan="2">总体技能目标</td><td>能根据生产要求正确分析工艺条件；能对本工段的开停工、生产事故处理等仿真进行正确的操作，具备岗位操作的基本技能；能初步优化生产工艺过程</td></tr>
<tr><td rowspan="3">具体目标</td><td>能力目标</td><td>（1）能根据生产任务查阅相关书籍与文献资料；
（2）能正确选择工艺参数，具备在操作过程中调节工艺参数的能力；
（3）能对本工段开车、停车、事故处理仿真进行正确的操作；
（4）能对生产中的异常现象进行正确的分析、诊断，具有事故判断与处理的能力</td></tr>
<tr><td>知识目标</td><td>（1）掌握聚丙烯工艺的原理及工艺过程；
（2）掌握聚丙烯工艺主要设备的工作原理与结构组成；
（3）熟悉工艺参数对生产操作过程的影响，会正确选择工艺条件</td></tr>
<tr><td>素质目标</td><td>（1）学生应具有化工生产规范操作意识、判断力和紧急应变能力；
（2）学生应具有综合分析问题和解决问题的能力；
（3）学生应具有职业素养、安全生产意识、环境保护意识及经济意识</td></tr>
</table>

任务一　聚丙烯生产工艺仿真装置概况

聚丙烯（PP）是五大通用塑料之一，具有密度小、刚性好、强度高、耐化学腐蚀、绝缘性好等优点，不足之处是低温冲击性能较差、易老化、成型收缩率大。聚丙烯的用途相当广泛，可用于包括农业和三大支柱产业（汽车工业、建筑材料、机械电子）在内的诸多领域。

本单元仿真以丙烯聚合反应为主，本工段不涉及丙烯原料的精制、催化剂的配制与计量、丙烯回收及产品的汽蒸干燥。公用工程系统及其附属系统不进行过程定量模拟，只做部分事故定性仿真（如仿突然停水、电、汽、风；工艺联锁停车；安全紧急事故停车）；压缩机的油路和水路等辅助系统不做仿真模拟。

① 东方仿真在线仿真系统网址：www. simnet. net. cn。

一、聚丙烯生产工艺仿真的工艺流程

1. 丙烯原料的精制

原料丙烯经过 D001A/B 固碱脱水器粗脱水，再经 D002 羰基硫水解器、D003 脱硫器脱去羰基硫及 H_2S，然后进入二条可互相切换的脱水、脱氧线路。再脱水的精制线：D004A/B 氧化铝脱水器、D005A/B 脱氧器（N 催化剂）、D006A/B 分子筛脱水器。经上述精制处理后的丙烯中水分脱至 10ppm 以下，硫脱至 0.1ppm 以下，然后进入丙烯罐 D007，经 P002A/B 丙烯加料泵打入聚合釜。

2. 催化剂的配制与计量

高效载体催化剂系统由 A（Ti 催化剂）、B（三乙基铝）及 C（硅烷）组成。A 催化剂由 A 催化剂加料器 Z101A/B 加入 D200 预聚釜；B 催化剂存放在 D101B 催化剂计量罐中，经 B 催化剂计量泵 P101A/B 加入 D200 预聚釜，B 催化剂以 100% 的浓度加入 D200。这样做的好处是可以降低干燥器入口挥发分的含量，但要特别注意安全，管道的安装、验收要特别严格，因为一旦泄漏就会着火；C 催化剂的加入量非常小，必须先在 D110A/B、C 催化剂计量罐中配制成 15% 的已烷溶液，然后用 C 催化剂计量泵 P104A/B 打入 D200。

3. 丙烯聚合反应

首先，丙烯、A、B、C 催化剂在 D200 预聚釜中进行预聚合反应，预聚压力为 3.1 ~ 3.96MPa，温度低于 20℃，然后进入第 1、2 反应器（D201、D202）在液态丙烯中进行淤浆聚合，聚合压力为 3.1 ~ 3.96MPa，温度为 70℃ ~67℃。由 D202 排出的淤浆直接进入第 3 反应器 D203 进行气相聚合，聚合压力为 2.8 ~3.2MPa，温度为 80℃。

图 9 -1 所示为 SPG 工艺聚丙烯聚合工段总图；图 9 -2 所示为丙烯预聚合 DCS 图。

4. 丙烯回收及产品的汽蒸干燥

聚合物与丙烯气依靠自身的压力离开第 3 反应器 D203 进入旋风分离器 D301、D302 -1、D302 -2，分离聚合物之后的丙烯气相经油洗塔 T301 洗去低聚物、烷基铝、细粉料后经压缩机 C301 加压与 D203 未反应丙烯一起，进入高压丙烯洗涤塔 T302，分离去烷基铝、氢气之后的丙烯回至丙烯罐 D007，T302 塔底的含烷基铝、低分子聚合物、已烷及丙烷成分较高的丙烯送至气分以平衡系统内的丙烯浓度，一部分重组分及粉料气化后回至 T301 入口，T302 的气相进丙烯回收塔 T303 回收丙烯。

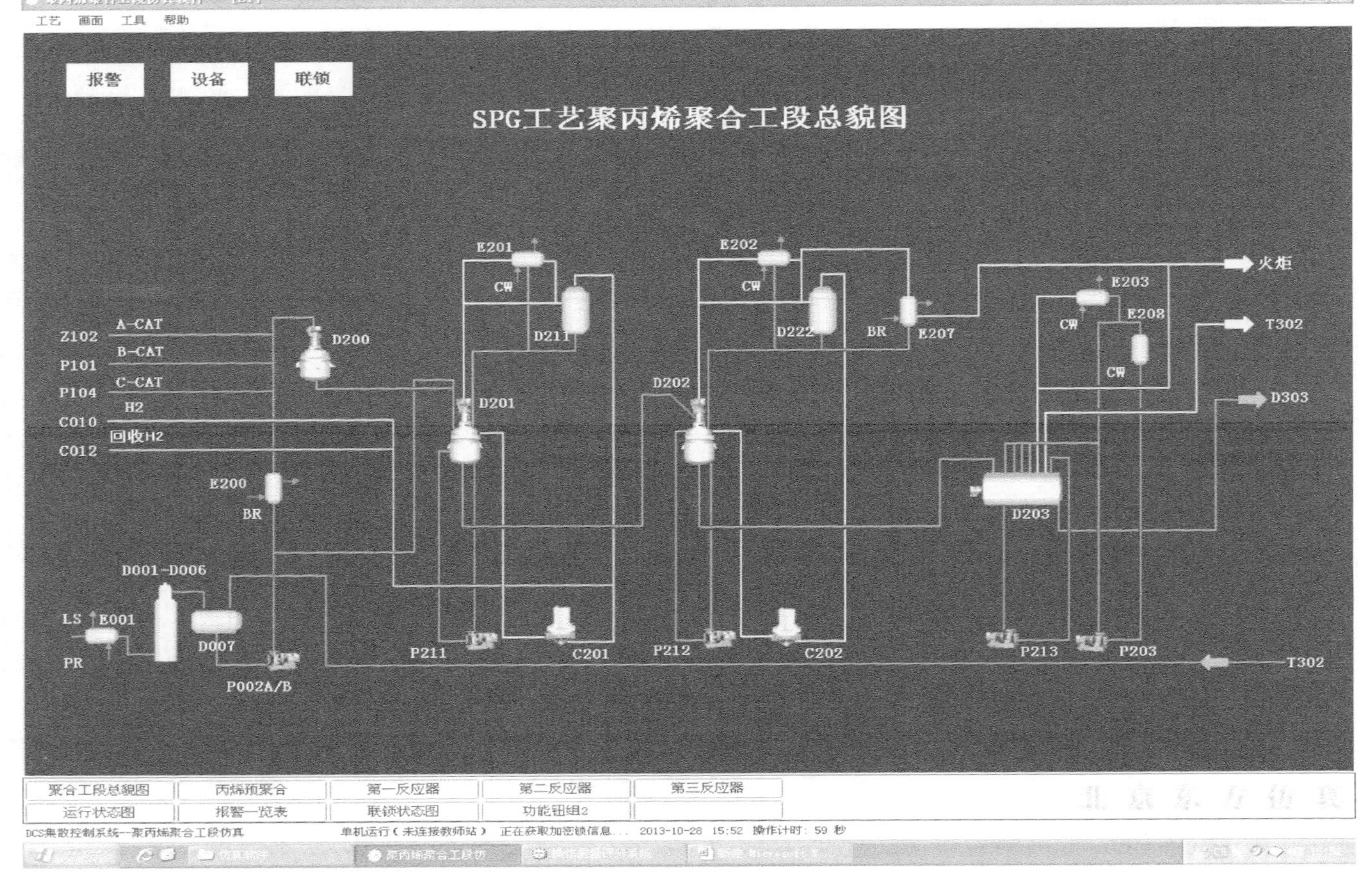

图9-1 SPG工艺聚丙烯聚合工段总图

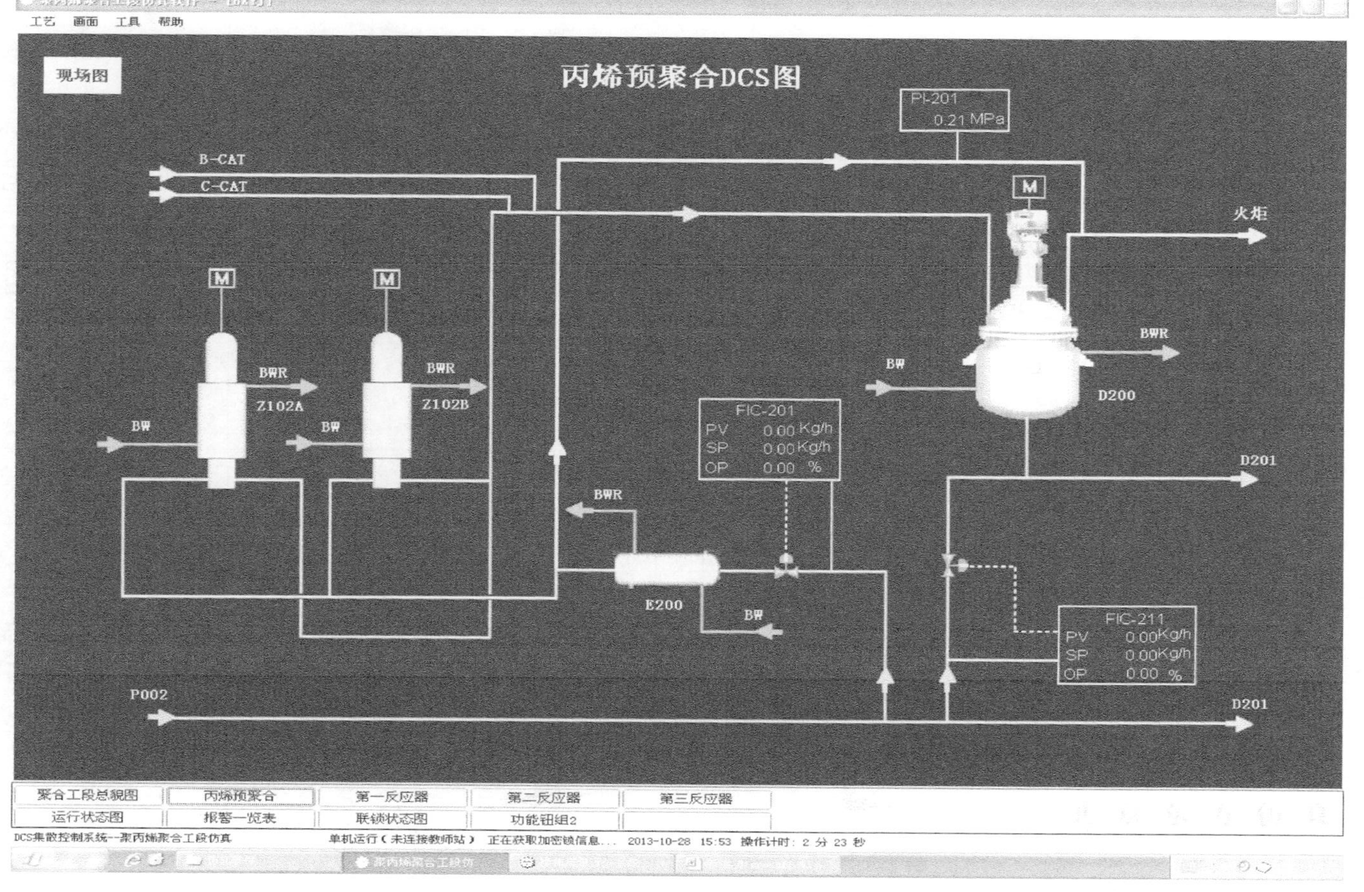

图 9－2　丙烯预聚合DCS图

二、聚丙烯生产工艺仿真装置的工艺控制指标

聚丙烯生产工艺仿真装置的工艺控制指标见表 9－1。

表 9－1　聚丙烯生产工艺仿真装置的工艺控制指标

仪表位号	标准设定值	项目名称
PI201	3.1/3.7 MPa（g）	D200 的压力
FIC201	450kg/h	经 D200 的丙烯总流量
PIA211	3.0/3.6 MPa（g）	D201 的压力
FIC211	2 050kg/h	经 D201 的丙烯流量
FIC212	45m³/h	经 D201 的循环气流量
LICA211	45%	D201 的液位
LI212	1 848mm	D201 的液位
LIA213	2 000mm	D201 回流液管液位
TR210	70℃	D201 气相温度
TIC211	70℃	D201 液相温度
TIC212	—	P211 出口温度
HC211	—	D201 气相压力
ARC211	0.24% ~9.4%	D201 气相色谱
XV212A/B/C	—	D201 加 CO
PIA221	3.0/3.6 MPa（g）	D201 压力
FIC221	—	进 D202 丙烯流量
FIC222	40m³/h	进 D202 循环气流量
LICA221	45%	D202 液位
LI222	1 848mm	D202 液位
LIA223	2 000mm	D202 回流液管液位
TR220	—	D202 气相温度
TIC221	67℃	D202 液相温度
TIC222	—	P212 出口温度
HC221	—	D202 气相压力
ARC221	0.24% ~9.4%	D202 气相色谱
XV222A/B/C	—	D202 加 CO

续表

仪表位号	标准设定值	项目名称
PIC231	2.8 MPa (g)	D203 压力
FIC233	$15m^3/h$	P203A/B 出口流量
LICA231A	900mm	D203 料位
LI231B	900mm	D203 料位
TRC231	80℃	D203 温度
TR232A/B/C	80℃	D203 温度
TIC233	—	P213 出口温度
HC231	—	D203 压力
XV232A/B/C	—	D203 加 CO

任务二　聚丙烯生产工艺仿真装置的冷态开车过程

1. 种子粉料加入 D203

（1）启动种子粉料加入按钮，料位为10%后，关此阀；

（2）开高压氮气阀 POP2012 充压，当 D203 充压至 0.5MPa 时，关氮气阀；

（3）现场开 D203 气相至 E203 手阀，打开 HC231；

（4）放空至0.05MPa 后，关闭 HV231；总控启动 D203 搅拌。

2. 丙烯置换

（1）引气态丙烯进入系统 D200 进行置换；现场启动气态丙烯进料阀；

（2）打开阀 FIC201 将丙烯引入 D200；压力达到0.5MPa 后关闭 FIC201；

（3）开现场火炬阀放空至0.05MPa；关现场火炬阀。

3. D201 置换

（1）打开阀 FIC211，将气态丙烯引入 D201；

（2）依次打开阀 FIC212、入口阀 C201A/B 和出口阀 C201A/B；

（3）启动 C201A/B，调节转速；当 PIA211 达到 0.5MPa 时，关闭阀 FIC211；

（4）停止 D201 风机；打开阀 HIC211 放空；放至压力为0.05MPa 后，关闭 HC211。

4. D202 置换

（1）打开阀 FIC221，将气态丙烯引入 D202；

（2）依次打开阀 FIC222、入口阀 C202 和出口阀 C202；启动 C202，调整转速；

（3）当 PIAS221 达到 0.5MPa 时，关闭 FIC221；停止 C202 风机；

（4）打开阀 HC221 放空；放至 0.05MPa 时，关闭阀 HC221。

5. D203 置换

（1）现场打开气相丙烯阀 D007；充压至 0.5MPa 后，关闭此 D007；

（2）打开阀 HC231，放空；放空 PIC231 为 0.05MPa 后，关闭 HC231；重新升压。

6. D200 升压

打开 FIC201，升压；在 PI201 指示为 0.7MPa 后，关闭 FIC201。

7. D201 升压

（1）打开 FIC211 引气相丙烯；

（2）在 PIA211 指示为 0.7MPa 后，关闭 FIC211。

8. D202 升压

（1）打开 FIC221 引气相丙烯；

（2）在 PIAS221 指示为 0.7MPa 后，关闭 FIC221。

9. 向 D200 注入液态丙烯

（1）依次打开液态丙烯进料阀、E200BWR 入口阀和 D200 夹套 BW 入口阀；

（2）打开 FIC201，引液态丙烯进入 D200；启动 D200 并进行搅拌；

（3）当 PI201 指示为 3.0MPa 时，打开现场釜底阀。

10. 向 D201 注入液态丙烯

（1）打开 FIC211，向 D201 注入液态丙烯；启动 D201 并搅拌，现场打开入口阀 E201CWR；

（2）打开一条线前后手阀 LICA211A；

（3）依次打开入口阀 C201A/B、出口阀 C201A/B 和 C201A/B 机，调整转速；

（4）调节 FCI212 为 $45m^3/h$ ，打开 MS 阀，釜底 TIC212 进行升温；

（5）调节 TIC211，控制釜的温度为 65℃。

11. 向 D202 注入液态丙烯

（1）打开 FIC221，向 D202 注入液相丙烯，启动 D202 并搅拌；

（2）现场打开入口阀 E202CWR、入口阀 E207CW 和 C202 入口、出口阀，启动 C202；

（3）调节转速，调节 FIC222 的流速为 $40m^3/h$；

（4）釜底 TIC222 进行升温，控制釜的温度为 60℃，调节 FIC221 冲洗进料量为 500kg/h。

12. 向 D203 注入液态丙烯

（1）当 D202 出料至 D203 后，即为 D203 进液相丙烯；

（2）依次打开入口阀 E203CWR、出口阀 E208CWR，启动 P213；

（3）打开 MS 阀，釜底 TRC233 进行升温，调整 TRC231，控制釜的温度为 80℃，启动 P203A。

13. 向系统注入催化剂

现场调节 B－Cat、C－Cat 和 A－Cat 进反应釜 D200。

任务三 聚丙烯生产工艺仿真装置的正常停工过程

1. 停止往系统中注入催化剂

停止注入催化剂 A、B、C；停止氢进入 D201。

2. 维持三釜的平稳操作

（1）将 D201 夹套 CW 切换至 HW，控制 D201 温度在 65℃～70℃；

（2）将 D202 夹套 CW 切换至 HW，控制 D202 温度在 60℃～64℃；

（3）将 D203 夹套 CW 切换至 HW，控制 D203 温度在 80℃左右。

3. D201 和 D202 排料

（1）关闭丙烯进料阀 FV201、FV211、FV221，停止 E200 和 D200 冷冻水；

（2）停止 D200 搅拌；从 D201 和 D202 卸料，当 D201 倒空后，停止 D201 出料；

（3）停止 D201 搅拌；停 C201 和 E201，从 D202 向 D203 卸料；

（4）当 D202 倒空后，停止 D202 出料，依次停止 D202 搅拌、C202、E202 和 E207；

（5）当 D203 倒空后，关闭 LICA231A，停止 P203、E203 和 E208；

（6）停止 D203 搅拌，关闭 AV221 和 PV231。

4. 放空

打开 D200、D201、D202 和 D203 放空阀。

任务四　聚丙烯生产工艺事故分析与处理

1. 停电

事故现象：停电。

处理方法：紧急停车。

2. 停水

事故现象：冷却水停。

处理方法：紧急停车。

3. 停蒸汽

事故现象：蒸汽停。

处理方法：紧急停车。

4. IA 停

事故现象：仪表风停止供应。

处理方法：必须紧急停车和全系统联锁停车。

5. 原料中断

事故现象：原料中断。

处理方法：紧急停车。

6. 氮气中断

事故现象：干燥闪蒸单元不能正常操作。

处理方法：关闭阀 LICA231，停止向干燥系统放料；依次将 D201、D202 和 D203 隔离进行自循环。

7. 低压密封油中断

事故现象：低压密封油中断（LSO），P812A/B 停泵出口压力下降很大且各个用户的 FG 指示下降。

处理方法：紧急停车。

8. 高低密封油中断

事故现象：高低密封油中断。

处理方法：紧急停车。

9. A－CAT 不上量

事故现象：A－CAT 不上量。

处理方法：减小 FIC201 的进料量；维持 D201 的温度，进行压力控制。

10. 聚合反应异常

事故现象：聚合反应异常。

处理方法：调整 A - Cat 的转动周期，减小 A 催化剂的量；适当增加 FIC201 的流量。

11. D201 的温度、压力突然升高

事故现象：D201 的温度、压力突然升高。

处理方法：提高阀 TIC212 的 CW 开度，减少蒸汽；提高 FIC201 进料量。

12. D203 的温度压力突然升高

事故现象：D203 的温度压力突然升高。

处理方法：关闭 TRC231 前后手阀；开副线阀调整流量。

13. 浆液管线不下料

事故现象：浆液管线不下料。

处理方法：增大 TIC212 蒸汽量，提高夹套水温；D202 向 T302 泄压；最终调节 D201 比 D202 压差为 0.2MPa。

14. D201 液封突然消失

事故现象：D201 液封突然消失。

处理方法：紧急停车。

15. D201 搅拌停止

事故现象：D201 搅拌停止。

处理方法：紧急停车。

16. D201 至 D202 间 SL 管线全堵

事故现象：D201 至 D202 间 SL 管线全堵。

处理方法：现场开通另一条 D201 至 D202 浆液调节阀前后手阀；开启 D201 至 D203 浆液线调节阀前后手阀。

【项目测评】

一、单项选择

1. 通常现场压力表显示的是（　　）。

A. 真空度　　B. 绝压　　C. 表压　　D. 以上均是

2. 企业生产经营活动中，要求员工遵纪守法是（　　）。

A. 约束人的体现　　B. 保证经济活动正常进行所决定的

C. 领导者人为的规定　　D. 追求利益的体现

3. 车间主要领导参加班组安全日活动每月不少于（　）次。

A. 1　B. 2　C. 3　D. 4

4. 下列选项中，不属于零件图内容的是（　）。

A. 零件尺寸　B. 技术要求　C. 标题栏　D. 零件序号表

5. 在 HSE 管理体系中，（　）是管理手册的支持性文件，上接管理手册，是管理手册规定的具体展开。

A. 作业文件　B. 作业指导书　C. 程序文件　D. 管理规定

6. 聚合釜压力一般不超过（　）MPa。

A. 0. 55　B. 0. 66　C. 0. 6　D. 0. 7

7. 下列物质着火，（　）不能用泡沫灭火器灭火。

A. 溶剂油　B. 环烷酸镍　C. 防老剂　D. 三异丁基铝

8. 丁二烯加水罐正常使用时，应（　）换一次水。

A. 3 个月　B. 2 个月　C. 4 个月　D. 1 个月

二、判断题

1. 聚合釜温度越高，物性越好。（　）
2. 顺丁橡胶的抗湿滑能力强，低温性能好。（　）
3. 顺丁橡胶无需硫化就能加工成型。（　）
4. 在聚合反应中，溶剂油的作用仅仅是导出反应热。（　）
5. 聚合釜的散热方式为盐水夹套冷却。（　）
6. 反应过程中，首釜温度越高，反应越强，转化率越高，产量越大。（　）
7. 容积式泵与离心泵的启动方式一样。（　）
8. 丁二烯加水量越大，反应越强，门尼越低。（　）
9. 在正常的压力控制范围内，釜压控制高一些，反应越稳定一些。（　）
10. 聚合空釜开车时，首釜无需保压。（　）

三、选择题

1. 尾气回收是利用（　）将丙烯丙烷与氮气分离。

A. 化学性质不同　B. 密度不同

C. 冷凝速度不同　D. 临界温度不同

2. 丙烯回收的意义在于（　）。

A. 消灭火炬　B. 回收资源、减少烟尘

C. 增加就业　D. 回收粉料

3. 闪蒸尾气进气柜前除尘的作用不包括（　　）。

A. 减轻对气柜的腐蚀　　B. 保护压缩机

C. 回收聚丙烯　　D. 提高丙烯回收率

4. 当开机至钟罩落到底后，绝对不可以（　　）。

A. 开放空阀　　B. 进气

C. 继续将余气压缩完　　D. 充氮置换

5. 利用不凝气压力输送丙烯，其优点是（　　）。

A. 省电　　B. 送料快　　C. 无须排水　　D. 计量准确

6. 当钟罩降至极限低位后不开放空阀排水会导致（　　）。

A. 抽瘪气柜　　B. 将回收丙烯反抽至气柜

C. 将钟罩外的水抽至钟罩内　　D. 将袋滤器内的粉料抽走

7. 两气柜钟罩及配重之和有差别，不会出现（　　）。

A. 重量小的进气快，抽气慢　　B. 重量大的进气快，抽气慢

C. 气体从重量大的跑向重量小的　D. 钟罩内外的水位差不同

8. 气柜超高时，不应（　　）。

A. 开两台压缩机　　B. 通知聚合岗位暂不送气

C. 关闭进气柜阀门　　D. 现场排放

9. 前凝罐水包上的液位计显示的是（　　）。

A. 罐内液位

B. 丙烯与水的界面

C. 丙烯 - 水混合物与丙烯之间的界面

D. 水与气相的界面

10. 中间冷却器和气水分离器要经常排水以防止损坏压缩机，这是因为（　　）。

A. 水会使机器生锈　　B. 水不可压缩

C. 消耗功率　　D. 影响吸气

四、简答题

1. 盲板的作用是什么？如何抽堵盲板？
2. 溶剂油的作用是什么？
3. 聚合岗位发生暴聚应时如何紧急处理？
4. 反应过程中首釜温度突然下滑是何原因造成的？如何处理？
5. 平衡管线起什么作用？

五、实操题

1. 丙烯置换操作。

2. 冷态开车操作。
3. 紧急停车操作。
4. 氮气中断事故分析及处理。
5. 放空操作。

项目十

聚氯乙烯生产工艺仿真①

[学习目标]

总体技能目标		能根据生产要求正确分析工艺条件；能对本工段的开停工、生产事故处理等仿真进行正确的操作，具备岗位操作的基本技能；能初步优化生产工艺过程
具体目标	能力目标	（1）能根据生产任务查阅相关书籍与文献资料； （2）能正确选择工艺参数，具备在操作过程中调节工艺参数的能力； （3）能对本工段开车、停车、事故处理仿真进行正确的操作； （4）能对生产中的异常现象进行分析诊断，具有事故判断与处理的能力
	知识目标	（1）掌握 PVC 工艺的原理及工艺过程； （2）掌握 PVC 工艺主要设备的工作原理与结构组成； （3）熟悉工艺参数对生产操作过程的影响，会进行工艺条件的选择
	素质目标	（1）学生应具有化工生产规范操作意识、判断力和紧急应变能力； （2）学生应具有综合分析问题和解决问题的能力； （3）学生应具有职业素养、安全生产意识、环境保护意识及经济意识

任务一　聚氯乙烯生产工艺仿真装置概况

聚氯乙烯（PVC）是氯乙烯单体（Vinyl Chloride Monomer，VCM）在过氧化物、偶氮化合物等引发剂，或在光、热作用下按自由基聚合反应机理聚合而成的聚合物。其在建筑材料、工业制品、日用品、地板革、地板砖、人造革、管材、电线电缆、包装膜、瓶、发泡材料、密封材料、纤维等方面均有广泛应用。

一、聚氯乙烯生产工艺仿真的工艺流程

聚氯乙烯的生产过程由聚合、汽提、脱水干燥、VCM 回收系统等部分组

① 东方仿真在线仿真系统网址：www. simnet. net. cn。

成，同时还包括主辅料供给系统和真空系统等。

1. 进料、聚合

首先向反应器内注入脱盐水，启动反应器进行搅拌，等待各种助剂的进料，水在氯乙烯悬浮聚合中使搅拌和聚合后的产品输送变得更加容易。然后加入引发剂，氯乙烯聚合是自由基反应，而对烃类来说只有温度在400℃～500℃以上才能分裂为自由基，这样高的温度远远超过正常的聚合温度，不能得到高分子，因而不能采用热裂解的方法来提供自由基。采用某些可在较适合的聚合温度下，才能产生自由基的物质来提供自由基，如偶氮类和过氧化物类。接下来加入分散剂，它的作用是稳定由搅拌形成的单体油滴，并阻止油滴相互聚集或合并。

在对聚合釜加热到预定温度后加入VCM原料，VCM原料包括两部分：一是来自氯乙烯车间的新鲜的VCM；二是聚合后回收的未反应的VCM。这些回收单体可与新鲜单体按一定比例再次被加入到聚合釜中进行聚合反应。二者在搅拌条件下进行聚合反应，控制反应时间和反应温度，当聚合釜内的聚合反应进行到比较理想的转化率时，PVC的颗粒形态结构性能及疏松情况最好，适宜此时进行泄料和回收而不使反应继续下去，应加入终止剂使反应立即终止。当聚合反应特别剧烈而难以控制时，或是釜内出现异常情况，或者设备出现异常都可加入终止剂使反应减慢或是完全终止。

反应生成物称为浆料，转入下道工序，并放空聚合反应釜，用水清洗反应釜后在密闭条件下进行涂壁操作，涂壁剂溶液在蒸汽作用下被雾化，冷凝在聚合釜的釜壁和挡板上，形成一层疏油亲水的膜，从而减轻单体在聚合过程中的粘釜现象，然后重新投料生产。

2. 汽提

反应后的PVC浆料由聚合釜被送至浆料槽，再由汽提塔加料泵被送至汽提工序。由蒸汽总管来的蒸汽对浆料中的VCM进行汽提。浆料供料进入一个热交换器中，并在热交换器中被从汽提塔底部来的热浆料预热。这种浆料之间的热交换方法可以节省汽提所需的蒸汽，并能通过冷却汽提塔浆料的方法，缩短产品的受热时间。VCM随汽提汽从浆料中被带出。汽提汽冷凝后，排入气柜或进入聚合工序回收压缩机中，不合格时即被排空。冷凝水被送至聚合工序废水汽提塔。

3. 干燥

汽提后的浆料进入脱水干燥系统，以离心方式对物料进行甩干，由浆料管送入的浆料在强大的离心作用下，部分密度较大的固体物料沉入转鼓内壁，在螺旋输送器的推动下，由转鼓的前端进入PVC储罐，母液则由堰板处排入沉降池。

4. VCM 回收

在生产系统中，含 VCM 的气体均被送入气柜暂时储存，气柜的气体经泵被送入水分离器，分出液相和气相。其中，液相为水，内含有 VCM，它再被送到汽提器；气相为 VCM 和氮气，二者同时进入液化器，经加压冷凝后，VCM 被液化，此时的液相 VCM 被送至 VCM 原料储存槽，同时不液化的气体被排出。

图 10－1 所示为 PVC 生产流程总图；图 10－2 所示为 DCS 总图。

二、聚氯乙烯生产工艺仿真装置的工艺控制指标

聚氯乙烯生产工艺仿真装置的工艺控制指标见表 10－1；其仪表参数见表 10－2。

表 10－1 聚氯乙烯生产工艺仿真装置的工艺控制指标

设备名称	项目及位号	单位	正常指标
聚合釜	釜内液位（LI1002）	%	60
	反应压力（PI1005）	MPa	0.7～1.2
	釜内温度（TICA1002）	℃	64
	循环水温度（TICA1003）	℃	30
出料槽	压力（PI2002）	MPa	0.5
	液位（LI2001）	%	60
	温度（TI2001）	℃	64
汽提塔进料槽	压力（PI2004）	MPa	0.5
	液位（LI2002）	%	60
	温度（TI2002）	℃	64
浆料汽提塔	塔顶压力（PI2009）	MPa	0.5
	塔内温度（TI2005）	℃	110

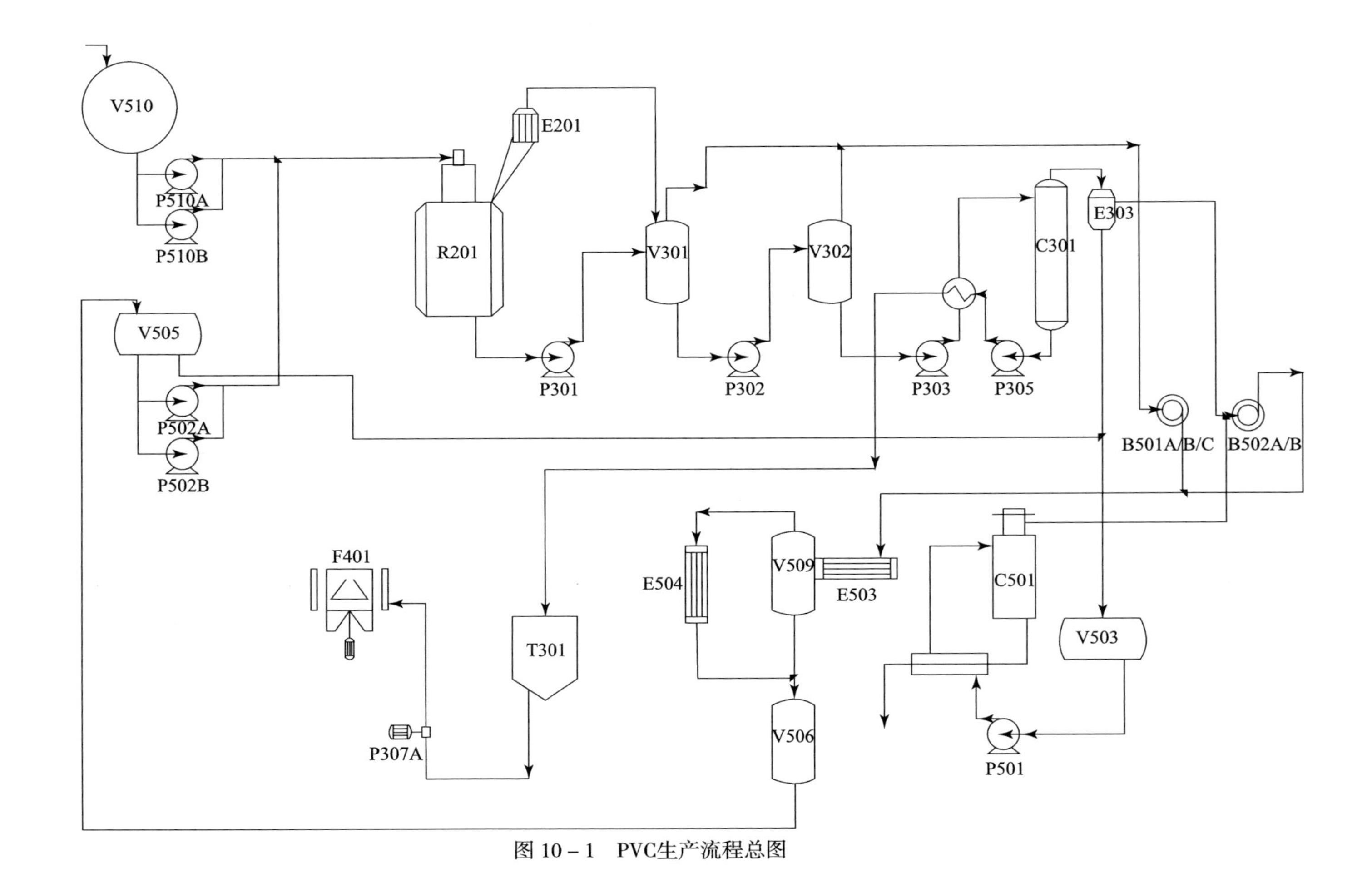

图 10－1　PVC生产流程总图

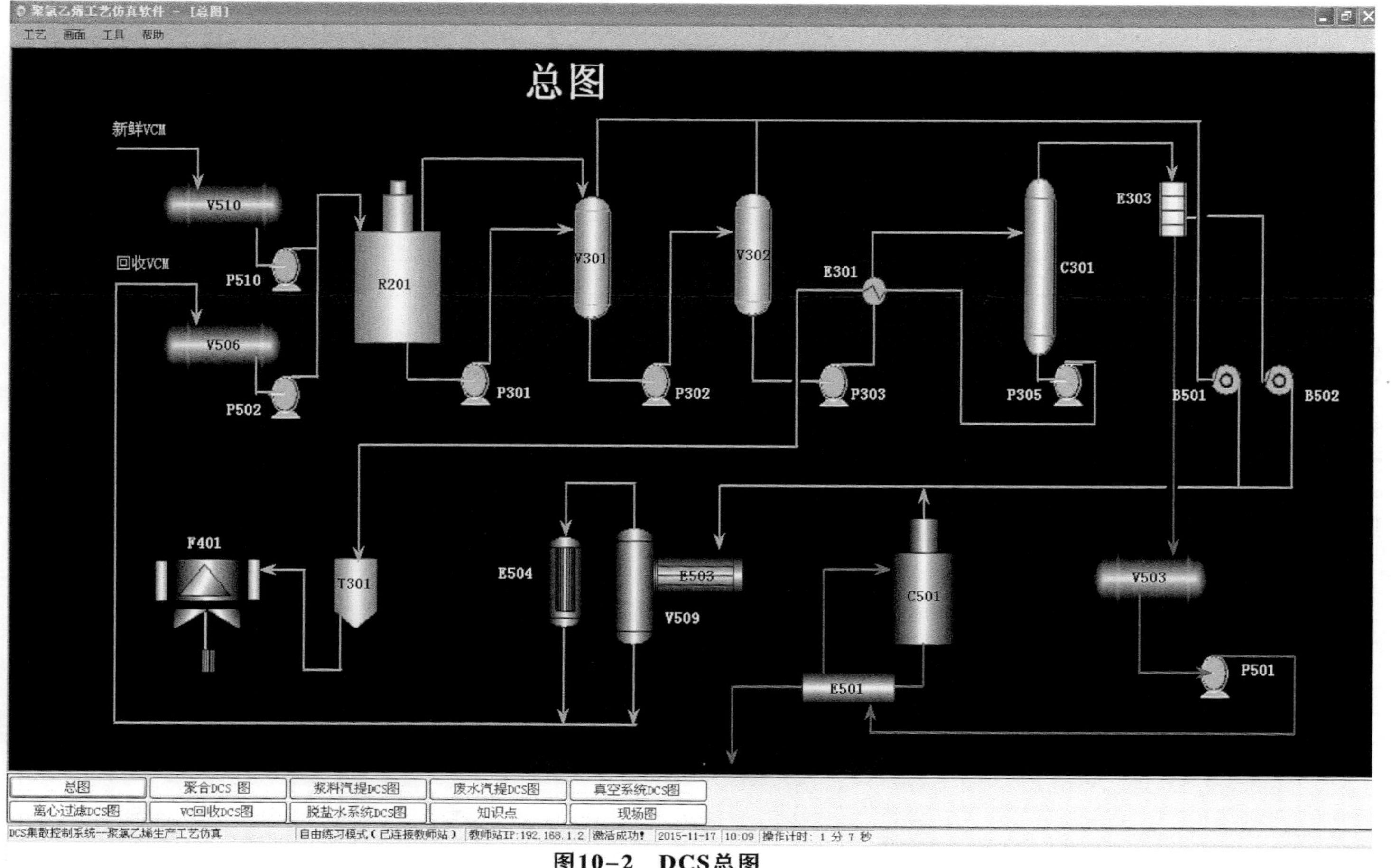
聚氯乙烯工艺仿真软件 - [总图]
工艺　画面　工具　帮助
总图
新鲜VCM
回收VCM
V510
P510
V506
P502
R201
P301
V301
P302
V302
P303
E301
C301
P305
E303
B501
B502
F401
T301
E504
V509
E503
C501
E501
V503
P501
总图
聚合DCS 图
浆料汽提DCS图
废水汽提DCS图
真空系统DCS图
离心过滤DCS图
VC回收DCS图
脱盐水系统DCS图
知识点
现场图
DCS集散控制系统—聚氯乙烯生产工艺仿真
自由练习模式（已连接教师站）
教师站IP:192.168.1.2
激活成功!
2015-11-17
10:09
操作计时: 1 分 7 秒

图10-2　DCS总图

表 10 -2　仪表参数

序号	仪表号	说明	单位	正常数据
1	LICA1001	新鲜的 VCM 储罐液位控制	%	40
2	LI6002	回收的 VCM 储罐液位显示	%	50
3	LI1002	聚合釜液位显示	%	60
4	LI2001	出料槽液位显示	%	60
5	LI2002	汽提塔进料槽液位显示	%	60
6	LIC2003	汽提塔液位控制	%	40
7	LIC2004	汽提塔塔顶冷凝器液位控制	%	30
8	LI3005	废水汽提塔液位控制	%	30
9	LI5001	浆料混合槽液位显示	%	30
10	LIC6001	一级冷凝器液位控制	%	30
11	LIC6002	VCM 储罐液位控制	%	50
12	LIC4001	真空分离罐液位控制	%	40
13	FI1001	聚合釜进料流量显示	t/h	143
14	FIA1003	浆料去出料槽流量	t/h	513
15	FICA2001	汽提塔进料流量显示	kg/h	51 288
16	FICA2002	C301 加热蒸汽流量	t/h	5
17	FI3003	废水汽提塔	t/h	5
18	FI3004	C501 加热蒸汽流量	t/h	6
19	TICA1002	聚合釜温度控制	℃	64
20	TICA1003	聚合釜夹套温度控制	℃	64
21	TI2001	V301 进料温度	℃	64
22	TI2002	V302 进料温度	℃	64
23	TI2003	C301 进料温度	℃	90
24	T2005	C301 温度	℃	110
25	TI2006	V507 温度	℃	64
26	TI2007	V508 温度	℃	64
27	TI3006	C501 温度	℃	90
28	PI1001	新鲜 VCM 储罐压力显示	MPa	0. 2

续表

序号	仪表号	说明	单位	正常数据
29	PI1005	聚合釜压力显示	MPa	1.2
30	PI2001	P301 出口压力	MPa	1.2
31	PI2002	V301 压力	MPa	0.5
32	PI2003	P302 出口压力	MPa	1.2
33	PI2004	V302 压力	MPa	0.5
34	PI2006	P303 出口压力	MPa	1
35	PI2007	P305 出口压力	MPa	2
36	PI2009	C301 压力	MPa	0.5
37	PDIA2010	汽提塔出口压力控制	MPa	0.5
38	PI2011	B502 出口压力	MPa	1.2
39	PI2012	V507 压力	MPa	0.56
40	PI2013	B501 压力	MPa	1.2
41	PI2014	V508 压力	MPa	0.56
42	PI3001	V503 压力	MPa	0.5
43	PI3007	C501 压力	MPa	0.6
44	PI6001	V509 压力	MPa	0.5

任务二　聚氯乙烯生产工艺装置的冷态开车过程

1. 往反应器内加料的操作步骤

（1）打开 P901A 的前阀 VD7002，启动泵 P901A，打开泵 P901A 的后阀 VD7006；

（2）打开阀门 XV1001，给反应器加水，启动搅拌器，开始搅拌，功率为150kW 左右；

（3）打开 XV1004，给反应器加引发剂，打开阀门 XV1005，给反应器加分散剂；

（4）打开阀门 XV1007，给反应器加缓冲剂，将 LICA1001 设为自动，给新鲜的 VCM 储罐加料；

（5）将 LICA1001 目标值设为 40%，打开 VCM 的入口管线阀门 XV1014；

（6）打开 V510 出口阀门 XV1010，打开泵 P510 的前阀门 XV1011；

（7）打开泵 P510，给反应器加 VCM 单体，打开泵 P510 的后阀门 XV1012；

（8）按照建议加入进料量，在水进料结束后，关闭 XV1001；

（9）关闭泵 P901A 的后阀 VD7006，停泵 P901A，关闭泵 P901A 的前阀 VD7002；

（10）按照建议加入进料量，在引发剂进料结束后，关闭 XV1004；

（11）按照建议加入进料量，在分散剂进料结束后，关闭 XV1005；

（12）按照建议加入进料量，在缓冲剂进料结束后，关闭 XV1007；

（13）在进料结束后，依次关闭阀门 XV1012、泵 P510 和阀门 XV1014；

（14）控制新鲜的 VCM 储罐液位在 40%，控制水的进料量在 49 507.52kg 左右；

（15）控制 VCM 的进料量在 23 935kg 左右；

（16）分散剂进料量、缓冲剂进料量和引发剂进料量均须符合要求。

2. 控制反应温度的操作步骤

（1）启动加热泵 P201，依次打开泵 P201 的后阀 XV1019 和蒸汽入口阀 XV1015；

（2）当反应器温度接近 64℃时，将 TICA1002 设为自动，同时设定反应釜控制温度为 64℃；

（3）将 TICA1003 设为串级，在反应釜压力降为 0.5MPa 后，打开终止剂阀门 XV1008；

（4）按照建议加入进料量，在终止剂进料结束后，依次关闭 XV1008，打开 R201 的出料阀 XV1018；

（5）打开 V301 的入口阀 XV2006，打开泵 P301 的前阀 XV2004，打开 P301，泄料；

（6）打开泵 V301 的后阀门 XV2005，打开 V301 搅拌器，在泄料完毕后关闭泵 P301 的后阀 XV2005；

（7）在泄料完毕后，依次关闭泵 P301、泵 P301 的前阀门 XV2004、阀门 XV1018 和 XV2006；

（8）关闭反应器温度控制，将 TICA1003 的 OP 值设定为 50，控制反应釜温度在 64℃左右；

（9）聚合釜压力不得大于 1.2MPa，若压力过高，打开 XV1017 及相关阀门，向 V301 泄压。

（10）终止剂进料量需符合要求；

（11）在 R201 出液完毕后，可将釜内气相排往 V301 或通过抽真空排出。

3. 对 V301/2 的操作步骤

（1）启动泵 P902A；打开去往 V508 的阀门 VD7010 和去往 V507 的阀门 VD7011；

（2）打开阀门 XV2032，向密封水分离罐 V508 中注入水至液位计显示值为 40%；

（3）打开阀门 XV2034，向密封水分离罐 V507 中注入水至液位计显示值为 40%；

（4）在 V508 进密封水结束后，关闭 XV2032，在 V507 进密封水结束后，关闭 XV2034；

（5）依次关闭去往 V508 的阀门 VD7010、去往 V507 的阀门 VD7011 和泵 P902A；

（6）关闭 P902A 的前阀 VD7004，将 V301 顶部的压力调节器设为自动；

（7）将压力控制目标值设定为 0.5MPa，打开阀门 XV2003，向 V301 注入消泡剂；

（8）一分钟后关闭阀门 XV2003，停止往 V301 注入消泡剂；

（9）经过部分单体回收，待 V301 压力基本不变时，打开 V301 的出料阀 XV2007；

（10）打开 V302 的进口阀门 XV2010，打开泵 P302 的前阀门 XV2008；启动 P302 泵；

（11）打开泵 P302 的后阀 XV2009，打开搅拌器 V302；

（12）如果 V301 液位低于 0.1%，则关闭 P302 泵的后阀 XV2009；

（13）关闭泵 P302，关闭泵 P302 的前阀 XV2008，关闭搅拌器 V301；

（14）依次关闭 V302 的入口阀 XV2010 和 V301 的出料阀 XV2007，打开 V301 的出料阀 XV2014；

（15）打开 C301 的进口阀 XV2018，打开泵 P303 的前阀 XV2015，启动 C301 的进料泵 P303；

（16）打开泵 P303 的后阀 XV2016，逐渐打开流量控制阀 FV2001，将 V301 的压力控制在 0.5MPa；

（17）将 V302 的压力控制在 0.5MPa，若压力大于 0.5MPa，则可打开 XV2013 并向 V303 泄压；

（18）控制流量为 51 288kg/h；

（19）保持密封水分离罐 V508 和 V507 的液位在 40% 左右；

（20）在 V301 出液完毕后，可将罐内气相排往 V303。

4. 对 C301 的操作步骤

(1) 逐渐打开 FV2002;

(2) 当蒸汽流量稳定在 5t/h 时, 将蒸汽流量控制阀 FIC2002A 设为自动;

(3) 设定蒸汽流量为 5t/h, 将 PIC2010 设为自动;

(4) 将 C301 的压力控制在 0.5MPa 左右, 打开 L.P 单体压缩机 B502 的前阀 XV2024;

(5) 启动 L.P 单体压缩机 B502, 打开 L.P 单体压缩机 B502 的后阀 VD2011;

(6) 依次打开换热器 E503 的冷水阀 VD6004 和换热器 E504 的冷水阀 VD6003;

(7) 依次打开 C301 的出料阀 XV2019 和泵 P305 的前阀 XV2020;

(8) 打开泵 P305, 向 T301 泄料; 依次打开泵 P305 的后阀 XV2021 和 C301 的液位控制阀 LV2003;

(9) 当液位稳定在 40% 左右时, 将 C301 的液位控制阀 LIC2003A 设为自动;

(10) 将 C301 液位控制器设定值为 40%, 将汽提塔冷凝器 E303 的液位控制阀 LIC2004 设为自动;

(11) 将 E303 液位控制在 30% 左右, 冷凝水去废水储槽;

(12) 打开 C301 ~ T301 的阀门, 控制液位稳定在 40%;

(13) 将蒸汽流量控制为 5t/h 左右; E303 控制液位稳定在 30%。

5. 浆料成品的处理的操作步骤

(1) 当 T301 内液位达到 15% 以上时, 打开 T301 的出料阀 XV5002;

(2) 启动离心分离系统的进料泵 P307, 打开 F401 的入口阀 XV5003;

(3) 启动离心机, 调整离心转速 (100r/min 左右), 向外输送合格产品。

6. 汽提废水的操作步骤

(1) 当 V503 内液位达到 15% 以上时, 打开 V503 的出口阀 VD3001;

(2) 打开泵 P501, 向设备 C501 中注入废水;

(3) 逐渐打开流量控制阀 FV3003, 流量在 5t/h 左右, 注意保持 V503 液位不要过高;

(4) 逐渐打开流量控制阀 FV3004, 流量在 6t/h 左右, 注意保持 C501 温度在 90℃ 左右;

(5) 逐渐打开液位控制阀 LV3005, 当 C501 液位稳定在 30% 左右时, 将 LIC3005 设为自动;

(6) 将 C501 液位控制在 30% 左右;

（7）将 C501 压力控制在 0.6MPa 左右，若压力超高，则可打开阀门 XV3004 并向 V509 泄压；

（8）通过调整蒸汽量，使 C501 温度保持在 90℃左右；

（9）将 V503 压力控制在 0.25MPa 左右，若压力超高，则可打开阀门 XV3003 并向 V509 泄压。

7. 回收 VC 的操作步骤

（1）依次打开 V303 的出口阀 XV2027 和 B501 的前阀 XV2028；

（2）启动间歇回收压缩机 B501，打开 B501 的后阀 VD2012；

（3）将压力控制阀 PIC6001 设为自动，未冷凝的 VC 进入换热器 E504 进行二次冷凝；

（4）将 V509 压力控制在 0.5MPa 左右；

（5）将液位控制阀 LIC6001 设为自动，冷凝后的 VC 进入储罐 V506；

（6）将 V509 的液位控制在 30%左右，将 V509 的液位控制在 30%左右；

（7）将 V509 的压力控制在 0.5MPa 左右。

任务三 聚氯乙烯生产工艺仿真发生事故的分析与处理

1. 突然停蒸汽

（1）立即通知调度员并联系蒸汽供应。

（2）如果停得较短暂，则将汽提塔进料量控制到最小，蒸汽阀应关闭，尽量维持到蒸汽供应。

（3）若停的时间较长，则应关闭热水槽的蒸汽入口阀，防止脱盐水倒回蒸汽管路，汽提塔停塔。

（4）关闭蒸汽总阀，防止送蒸汽时管道发生振动。

（5）若 TK-1G（a，b）底部通过蒸汽阀门为开启状态，则应立即关闭，以防止浆料倒回蒸汽管线和关闭聚合釜蒸汽阀。

2. 脱盐水停水

（1）立即通知调度员，询问停水时间的长短。

（2）根据两个脱盐水槽的情况，合理安排进料，关闭其他停运设备用水，保持釜的轴封水及应急用水。

（3）因聚合釜轴封水、各泵密封水以及离心干燥用水都是由冷脱盐水槽提供，所以停水以后一定要维持冷脱盐水槽的液位。

3. 突然停循环水

（1）通知调度员和循环水岗位人员，看停水时间长短，并做好应急准备。

（2）若停水时间较短，主控应根据各釜的反应情况，适当打一些高压水，使其温度和压力维持到能够来水。

（3）若停水时间较长或停水后聚合釜反应激烈，出现超温超压现象，主控应立即启动终止剂泵，并加入2~3倍终止剂，终止反应。反应终止后，需根据反应时间的长短进行妥善处理。

4. 突然停仪表风

（1）立即通知调度员并联系仪表风供应了，让现场在第一时间关闭空气缓冲罐进口阀，以防止罐内压力外泄，用空气缓冲罐压力来维持阀的开关。

（2）仪表风停后，各控制阀回到安全状态，需将夹套和挡板调节阀开到最大。

（3）若长时间停风，现场主控操作员应根据各釜的反应情况，对冷却水量进行人为手动调节，尽量使反应达到终点，若出现超温超压现象，因高压水打不进去，回收系统又无法启动，则只能启动终止剂泵打终止剂。

5. 紧急事故面板的使用

若发生DCS完全失控的故障，主控操作人员应按如下安全操作方法进行操作：

（1）看哪一台釜有反应物料。

（2）将面板开关由计算机状态转为事故状态（即由DCS转为EMG）。

（3）启动终止剂加料泵。

（4）打开终止剂加料阀。

（5）在进料量达到规定量时，关闭终止剂入料阀。

（6）停终止剂加料泵和终止剂加料阀。

6. 聚合釜搅拌偷停

（1）主控操作人员若发现搅拌功率下降，则应迅速通知巡检人员到现场确认。若搅拌偷停，则立即查看是否能启动。

（2）主控操作人员应密切观察聚合釜压力变化情况，若在现场启动不起来，则迅速启动紧急终止剂系统打入大量的终止剂（5~7倍）；若压力仍居高不下，则可向出料槽泄压处理。

7. 突然停电

若遇突然停电故障，则应打电话向调度员询问情况。若是局部停电，且短时间能来电，则可根据情况增大冷却水量维持到来电；若是全厂停电，则应根据各釜的反应情况，从反应最激烈的釜，依次打入5倍常规终止剂；若压力仍居高不下，可让现场工作人员加入终止剂使反应减慢或完全终止。

8. 氯乙烯着火

若发生氯乙烯着火事故，则先迅速关闭氯乙烯泄漏阀门，并用干粉灭火器扑救，同时检查周围是否有动火或施工作业，然后禁止其他电气设备动作，令无关人员撤离现场。

9. 聚合釜超压而温度不涨

若发生聚合釜超压而温度不涨的故障，应先进行满釜试验。若关闭注水压力不降，则认为是满釜，可修改注水流率来解决问题；若满釜试验后压力继续上升，则可进行气象回收或部分出料。

10. 聚合釜超温超压

造成聚合釜超温超压的原因：冷却水量不足或冷却水温高，引发剂用量过多，在搅拌时出现故障，这是爆聚的前奏。

其处理方法：在聚合反应中若出现超温超压现象，则先将夹套、挡板水开到最大值；若温度压力不降，可打高压水；若出现满釜，则按满釜处理。

【项目测评】

一、填空题

1. 由 VCM 制备 PVC 的聚合方法有（　　）、（　　）、（　　）、（　　）和（　　）五种。

2. 根据 0℃半衰期的长短，将引发剂分成三类：$t_{1/2}$为（　　）的高活性引发剂，$t_{1/2}$为（　　）的中活性引发剂和$t_{1/2}$为（　　）的低活性引发剂。

3. 氯乙烯悬浮聚合的机理可分为（　　）、（　　）、（　　）和（　　）四个阶段，其中（　　）是聚合速率的控制步骤。

4. 电石的化学名称是（　　），分子量是（　　），结构式是（　　）。

5. 自由基聚合反应的链终止方式有（　　）、（　　）和（　　）三种。

6. 粗乙炔气中常含有（　　）、（　　）、（　　）和（　　）等气体杂质。

7. 悬浮法制备的 PVC 树脂，根据其颗粒形态和性能可分为（　　）和（　　）两大类型。

8. EDC 是指（　　），VCM 是指（　　）。

9. 一般粗氯乙烯精馏采用先除（　　）后除（　　）的工艺。进料方式为（　　）。

10. PVC 浆料汽提处理的目的是除去（　　）杂质。

二、选择题

1. 形成聚氯乙烯的单体是（　　）。

　A. HCl　　B. $CH_2=CH_2$　　C. $CH_2=CHCl$　　D. $HC\equiv CH$

2. 某一型号树脂的平均聚合度为 n，则平均分子量为（　　）。

　A. n　　B. $62.5n$　　C. 62.5　　D. $62.5+n$

3. 乙炔气中含有 H_2S 和 PH_3 杂质，经过（　　）设备可以除去。

　A. 冷却塔　　B. 清净塔　　C. 中和塔　　D. 精馏塔

4. 人体凭嗅觉发现氯乙烯存在的浓度是（　　）。

　A. $30mg/m^3$　　B. $150mg/m^3$　　C. $2\,900mg/m^3$　　D. $1\,290mg/m^3$

5. 不属于变压吸附法吸附剂的是（　　）。

　A. 硅胶　　B. DOP　　C. 活性氧化铝　　D. 分子筛

6. 升汞指的是（　　）。

　A. $HgCl_2$　　B、Hg_2Cl_2　　C. HgCl　　D. $Hg(NO_3)_2$

7. 聚氯乙烯聚合物发生降解时，会放出（　　）。

　A. 氯化氢　　B. 氯乙烯　　C. 乙烯　　D. 氯乙烷

8. 电石渣的主要成分是（　　）。

　A. $Cu(OH)_2$　　B. $Ca(OH)_2$　　C. NaOH　　D. NaCl

9. 氯乙烯精馏操作中（　　）。

　A. 同时除去高沸物和低沸物　　B. 先除高沸物后除低沸物

　C. 先除低沸物后除高沸物　　D. 以上都不对

10. 决定聚合物聚合度的因素是（　　）。

　A. 水油比　　B. 反应温度　　C. 分散剂　　D. 引发剂

三、判断题

1. 膜式吸收塔的气液是并流的。（　　）
2. 乙炔加压清净时，水环式压缩机置于清净塔之后。（　　）
3. 经汽提处理后，PVC 浆料中 VCM 残留量应小于25mg/kg。（　　）
4. 气体在不同介质中的溶解度也不相同。（　　）
5. 粗氯乙烯净化工序采用泡沫塔进行水洗和碱洗。（　　）
6. 活性炭吸附法是最清洁且效率最好的精馏尾气吸附法。（　　）
7. 所谓无毒 PVC 树脂，是 PVC 树脂中没有一点残存的 VCM。（　　）
8. 汽提后的浆料，必须经过离心脱水后才能进入干燥器。（　　）
9. 悬浮聚合生产聚氯乙烯时，先加单体，后加引发剂和分散剂。（　　）
10. 氯乙烯悬浮聚合法制备 PVC 的聚合温度为90℃～100℃。（　　）

四、简答题

1. 简述电石法氯乙烯合成对原料乙炔气和氯化氢的要求。

2. 简述 PVC 浆料离心干燥前经汽提处理的原因。
3. 如何对氯乙烯精馏系统中的尾气冷凝气和高沸物进行回收利用?
4. 简述 VCM 单体中杂质对 PVC 聚合过程的影响。

五、实操题

1. 开车前的准备工作。
2. 冷态开车操作。
3. 废水汽提操作。
4. VC 回收操作。
5. 突然停蒸汽事故的分析及处理。

项目十一

二甲醚生产工艺仿真①

［学习目标］

总体技能目标		能根据生产要求正确分析工艺条件；能对本工段的开停工、生产事故处理等仿真进行正确的操作，具备岗位操作的基本技能；能初步优化生产工艺过程
具体目标	能力目标	（1）能根据生产任务查阅相关书籍与文献资料； （2）能正确选择工艺参数，具备在操作过程中调节工艺参数的能力； （3）能对本工段开车、停车、事故处理仿真进行正确的操作； （4）能对生产中的异常现象进行分析诊断，具有事故判断与处理的能力
	知识目标	（1）掌握二甲醚生产工艺的原理及工艺过程； （2）掌握二甲醚生产工艺主要设备的工作原理与结构组成； （3）熟悉工艺参数对生产操作过程的影响，会正确选择工艺条件
	素质目标	（1）学生应具有化工生产规范操作意识、判断力和紧急应变能力； （2）学生应具有综合分析问题和解决问题的能力； （3）学生应具有职业素养、安全生产意识、环境保护意识及经济意识

任务一　二甲醚生产工艺仿真装置概况

二甲醚生产实训装置由计算机仿真系统模拟工艺设备及管线、控制系统、设备仪表等构成。为了逼真地进行过程的开、停车，正常运行，故障状态操作及控制，OTS 仿真培训软件系统通过建立高保真的动态模型，以反映工业装置的实际尺寸、管道尺寸、阀门尺寸等，并反映系统物料和能量的变化与传递的定量关系。动态模型能反映工业系统的物理化学变化的规律，如反映动力学特征、气液平衡特征、流体力学特性等，这些特性常常是非线性的。动态模型能反映工业系统的时间常数、惯性、时间滞后和多容高阶段性。动态模型的求解速度需达到实时要求，求解精度应满足实验要求。OTS 仿真培

① 东方仿真在线仿真系统网址：www. simnet. net. cn

训软件能对培训项目及事故进行设置以及对运行操作进行评价。其中操作评价软件可以通过组态方式修改和编辑评价的内容。当实训装置运行时，软件会自动记录、分析和评价操作员的操作水平。

通过使用仿真培训系统，能提高学生在生产岗位上的技术素质，为生产安全、稳定、长周期、优化操作服务。用仿真培训系统能让操作人员更深入地了解生产装置的工艺机理，熟练掌握一些常见事故的正确处理方法，可以减少突发性事故和误操作，减少非正常停工，可为企业保持预计的经济效益，减少能耗和设备维护费用，提高技术水平。使用仿真培训系统，可以给学员提供动手操作的机会，提高入厂学员的质量，可以为生产装置的优化操作和技术改进提供指导，做到节能降耗，从而对工艺运行过程进行各种试验性研究，为装置生产运行提供指导和技术改造提供参考。

一、二甲醚生产工艺仿真的工艺流程

原料甲醇来自甲醇合成工序粗甲醇中间罐区，经甲醇进料泵（P101A/B）加压、甲醇预热器（E104）预热后进入甲醇汽化塔（T101）进行汽化。从T101出来的汽化甲醇经气体换热器（E103）换热后分两股进入反应器（R101）：第一股过热到反应温度，从顶部进入反应器；第二股稍过热后作为冷激汽从第二段催化剂床层的上部进入反应器（R101）。

从反应器R101出来的反应气体经气体换热器E103、甲醇预热器E104和粗甲醚预热器E111换热，粗甲醚冷凝器E105冷凝后进入粗甲醚储罐V102进行气液分离。液相为粗甲醚，气相为H_2、CO、CH_4、CO_2等不凝性气体、饱和甲醇和二甲醚蒸汽。

从粗甲醚储罐（V102）出来的不凝性气体经气体冷却器E108冷却后进入洗涤塔（T102），经洗涤液吸收其中的二甲醚、甲醇后，吸收尾气送燃气系统。吸收用的洗涤液来自精馏塔釜液储罐V103。

从粗甲醚储罐（V102）出来的粗甲醚用精馏塔进料泵（P102A、B）加压并计量后经过粗甲醚预热器（E111）送入精馏塔（T103）。塔顶蒸汽经精馏塔冷凝器（E107）冷凝后收集在精馏塔甲醚回流罐（V104）中。冷凝液一部分作为精馏塔回流液用甲醚回流泵（P103A、B）加压后回流，另一部分作为产品由外管被送至产品罐区。

从精馏塔（T103）溢流出来的水、甲醇釜液经釜液输送泵（P104A、B）增压后，其中一小部分经洗涤液冷却器（E114）冷却后被送入洗涤塔（T102）作为洗涤液用，其余大部分被送入汽化塔（T101）中段。

二、二甲醚生产工艺仿真装置的工艺控制指标

二甲醚生产工艺仿真装置的工艺控制指标见表 11－1～表 11－4。

表 11－1　汽化段的主要控制指标

序号	位号	名称	正常情况显示值
1	TI1003	甲醇预热器 E104 出口温度	120℃
2	TI1004	气体换热器 E103 出口温度	280℃
3	TI1005	粗甲醚预热器 E111 入口温度	200℃
4	TI1006	甲醇预热器 E104 入口温度	30℃
5	TE101	气化塔 T101 塔顶出口温度	130℃
6	TE106	气化塔 T101 塔顶温度	150℃
7	TIC106	汽化塔再沸器 E102 温度控制	170℃
8	PT101	气化塔 T101 压力	0.70MPa
9	PI102	甲醇预热器粗甲醇入口压力	1.00MPa
10	FIC101	甲醇预热器 E104 入口流量控制	19 500kg/h
11	FE102	气化塔 T101 塔顶出口流量	23 501kg/h
12	FIT113	气化塔塔釜出口流量	6 200kg/h
13	LIC101	汽化塔液位	50%

表 11－2　合成段的主要控制指标

序号	位号	名称	正常情况显示值
1	TE116	开工加热炉 F101 出口温度	25℃
2	TE115	开工加热炉 F101 入口温度	250℃
3	TE108	反应器 R101 塔顶入口温度	250℃
4	TE113	反应器 R101 塔中部入口温度	390℃
5	TIC110	反应器 R101 温度控制	340℃
6	TE114	反应器 R101 塔釜出口温度	345℃
7	PI103	反应器 R101 压力	0.65MPa
8	FE103	反应器 R101 塔顶入口流量	14 688kg/h
9	FE104	反应器 R101 中部入口流量	8 812kg/h

表 11－3　洗涤段的主要控制指标

序号	位号	名称	正常情况显示值
1	PIC109	洗涤塔 T102 塔顶出口压力控制	0.6MPa
2	FE105	洗涤塔 T102 塔顶入口流量	4 100kg/h

表 11－4　精馏段的主要控制指标

序号	位号	名称	正常情况显示值
1	TE119	精馏塔 T103 塔顶温度	45℃
2	TE124	回流液温度	40℃
3	TE122	精馏塔提留段温度	80℃
4	TIC123	精馏塔塔釜温度控制	150℃
5	PIC107	精馏塔 T103 塔顶出口压力控制	0.9MPa
6	FIC106	粗甲醚预热器入口流量控制	28 000kg/h
7	FIC107	回流量流量控制	14 000kg/h
8	FIC108	产品采出流量控制	12 500kg/h
9	FIC105	精馏塔塔釜液采出区 T102 流量控制	4 100kg/h
10	FIC110	精馏塔塔釜液采出区 T101 流量控制	10 500kg/h
11	LIC102	精馏塔液位	50%
12	LIC103	精馏塔回流罐液位	50%

任务二　二甲醚生产工艺仿真装置的冷态开工过程

依次打开粗甲醚冷却器 E105 的冷却水入口阀、粗甲醚储罐 V102 的冷却器入口阀、精馏塔冷却器 E107 的冷却水阀和吸收液冷却器 E114 的冷却水阀。

1. 汽化塔开车

（1）打开整个合成工段的部分阀门，它们分别是甲醇进料调节阀 FV101 的前后阀 VD1014 和 VD1015、开工电炉 F101 的进料阀 V1050、反应器入口阀 VD1055 和出口阀 VD1054。

（2）缓慢开启调节阀 FV101，打开泵 P101A 的前阀 VD1001，启动泵 P101A，打开泵的后阀 VD1002。

（3）待汽化塔釜出现液位后（50% 左右），打开汽化塔再沸器进口阀 VD1090、VD1091；逐渐开启调节阀 TV106。

（4）甲醇被大量汽化后，打开 E103 出口底部的排污阀 VD1030，排除甲醇冷凝液，出现甲醇蒸汽时关闭 E103 的出口排污阀，启动开工加热炉，缓慢增加开工加热炉电压。

（5）当系统指标达到规定值时，将流量调节 FIC101、温度调节 TIC106 装置设为自动控制，全塔实现稳定操作。

2. 反应器开车

（1）甲醇蒸汽进入反应器后，反应器出现液位时，缓慢开启阀门 V1057，排除冷凝液；没有液位时，马上关闭阀门 V1057。

（2）在反应器进口温度达到 220℃左右时，反应开始进行；控制阀 R101 的入口温度在 250℃左右，缓慢降低电炉电压。

（3）当一段床层出口温度为 340℃ ~380℃时，依次开启甲醇冷激汽调节阀的前阀 VD1021、甲醇冷激汽调节阀的后阀 VD1022、排污阀 VD1031，排除甲醇液体，缓慢开启调节阀 TV110。

（4）排污阀排出蒸汽时，关闭 VD1031，当 TE115 与 TE116 的温度比较接近时，缓慢开启 V1056，逐渐关闭 V1050，降低开工加热炉电压。当反应器入口温度不再下降时，停开工加热炉。

（5）操作稳定后，将温度调节 TIC110 装置设为自动控制。

3. 洗涤塔操作（洗涤操作在精馏系统开工之后进行）

（1）打开阀门 V1102，粗二甲醚进入系统；

（2）打开洗涤液调节阀 FV105 的前截止阀 VD1158 和后截止阀 VD1159；

（3）打开洗涤液调节阀 FV105，使一部分釜液通过冷却器 E114 后进入洗涤塔；

（4）开启压力调节阀 PV109 以控制洗涤塔的压力不超过 0.7MPa。

4. 精馏塔开车

（1）待粗甲醚储罐 V102 为 40% 左右时，依次打开精馏段阀门、泵 P102A 的入口阀 VD1070、流量调节阀 FV106 的前截止阀 VD1087、阀门 FV106 的后截止阀 VD1089、甲醚回流罐 V104 的入口阀 VD1118 和 VD1117、精馏塔压力调节阀 PV107 的前后截止阀 VD1102 和 VD1103、甲醚回流泵 P103A 的前阀 VD1110、二甲醚采出调节阀 FV108 的前后截止阀 VD1136 和 VD1137。

（2）依次开启精馏塔进料泵 P102A、泵出口阀 VD1071 和调节阀 FV106（开度 >40%），向精馏塔 T103 进料。

（3）当塔釜液位上升到 40% 左右时，打开精馏塔再沸器的蒸汽调节阀 TV122 的前截止阀 VD1122 和 VD1123；再稍开 TV122 调节阀，给再沸器缓慢加热。

（4）当塔顶温度明显上升，V104 液位上升 30% 左右时，启动回流泵 P103A，打开出口阀 VD1111。

（5）手动打开调节阀 FV107，让塔处于全回流状态，待产品分析合格后，缓慢开启采出流量调节阀 FV108。

（6）塔顶压力高于规定值时，缓慢开启 PV107，釜液在储罐中为 30% 左右时，依次打开输送泵 P104A、调节阀 FV110 的前后阀 VD1139 和 VD1140，逐渐开启调节阀 FV110，使釜液进入汽化塔。

（7）开启汽化塔釜液位调节阀的前后阀 VD1010 和 VD1011、调节阀 LV101，待液位维持在 50% 左右时，开启杂醇采出阀 V1007。

5. 调至正常操作

（1）在 FIC101 流量显示稳定后，将其设为自动，设定值为 19 500；在 LIC101 显示稳定后，将其设为自动，设定值为 50；在 TIC106 显示稳定后，将其设为自动，设定值为 170；在 TIC110 显示稳定后，将其设定自动，设定值为 340。

（2）当 FIC105 稳定在 4 100kg/h 时，分别将 FIC105 和 LIC102 设为自动，设定 LIC102 为 50%，将 FIC105 设为串级。

（3）当 FIC110 稳定在 10 500kg/h 时，将 FIC110 和 TIC123 设为自动，设定 TIC123 为 150℃。

（4）待精馏塔 T103 压力稳定在 0.90MPa 左右时，将 PIC107 设为自动，设定 PIC107 为 0.90MPa。

（5）当 FIC107 流量稳定在 14 000kg/h 后，将其设为自动，设定 FIC107 为 14 000kg/h。

（6）待产品采出稳定在 12 500kg/h，将 FIC108 设为自动，设定 FIC108 为 12 500kg/h。

（7）将 LIC103 设置为自动，设定 LIC103 为 50%；将 FIC108 设置为串级。

任务三　二甲醚生产工艺仿真装置的正常停工过程

1. 停进料

（1）关闭泵 P101A 的后阀 VD1002；在停泵 P101A 后，关闭泵 P101A 的前阀 VD1001。

（2）断开 LIC103 和 FIC108 的串级，手动调节 FIC108，使液位 LIC103 降

至20%。

（3）关闭粗甲醇进口调节阀FV101，关闭粗甲醇进口调节阀的前阀VD1014。

（4）关闭粗甲醇进口调节阀的后阀VD1015。

（5）手动调低粗二甲醚的进料阀FV106，使进料降至正常进料量的70%。

（6）液位LIC103降至20%。

（7）断开LIC102和FIC105的串级，手动调节FIC105，使液位LIC102降至30%。

（8）液位LIC102降至30%，关闭洗涤塔洗涤液进料调节阀FV105。

（9）依次关闭FV105的前截止阀VD1158和后截止阀VD1159。

2. 停反应系统

（1）关闭汽化塔再沸器中压蒸汽进口调节阀TV106。

（2）关闭再沸器中压蒸汽进口调节阀的前阀VD1090和后阀VD1091。

（3）依次关闭侧线采出阀V1007、阀门V1056和阀门VD1055。

（4）关闭甲醇冷激汽流量调节阀TV110。

（5）关闭甲醇冷激汽流量调节阀的前阀VD1021和后阀VD1022。

（6）待汽化塔液位为0时，关闭流量调节阀LV101。

（7）打开汽化塔泄压阀VD1023，当压力降为常压时，关闭VD1023。

（8）关闭流量调节阀的前阀VD1010和后阀VD1011。

3. 停精馏塔

（1）停精馏塔进料，关闭调节阀FV106。

（2）关闭FV106的前截止阀VD1087和截止阀VD1089。

（3）关闭泵P102A的出口阀VD1071，停泵P102A。

（4）依次关闭泵P102A的入口阀VD1070和阀门V1102，停止反应器向系统供料。

（5）依次关闭调节阀TV122、TV122的前截止阀VD1122和后截止阀VD1123。

（6）停止产品采出，手动关闭FV108。

（7）关闭FV108的前截止阀VD1136和后截止阀VD1137。

（8）关闭汽化塔进料调节阀FV110。

（9）关闭FV110前截止阀VD1139和后截止阀VD1140。

（10）关闭泵P104A出口阀VD1143，在停泵P104A后，关闭泵P104A的入口阀VD1142。

（11）打开塔釜泄液阀V114，排出不合格产品。

（12）手动开大 FV107，将回流罐内的液体全部打入精馏塔，以降低塔内温度。

（13）当回流罐液位降至小于 5% 时，停回流，关闭调节阀 FV107。

（14）关闭 FV107 的前截止阀 VD1117 和后截止阀 VD1118。

（15）关闭泵 P103A 的出口阀 VD1111，在停泵 P103A 后，关闭泵 P103A 的入口阀 VD1110。

4. 降压，降温

（1）精馏塔塔内液体排完后，手动开大 PV107 进行降压。

（2）在塔压降至常压后，关闭 PV107。

（3）关闭 PV107 的前截止阀 VD1102 和后截止阀 VD1103。

（4）开大 PV109 对洗涤塔进行降压，在洗涤塔塔压降至常压后，关闭 PV109。

（5）在精馏塔釜液位降至 0% 时，关闭泄液阀 V1143。

（6）依次关冷凝器冷凝水的进口阀 V1101、V1103、V1146 和 V1147。

任务四　事故分析与处理

1. P101A 故障

主要现象：汽化塔甲醇进料量过小。

处理方法：启动备用泵。

2. 汽化塔液位过高

主要现象：塔釜液位持续上升。

处理方法：加大蒸汽量，打开釜液排放阀的旁路阀，加大排放量。

3. 精馏塔压力超高

主要现象：塔顶压力高于规定值。

处理方法：增大压力调节阀 PV107 的开度，增大冷却水量；减少加热蒸汽量。

4. 反应器的床层温度持续升高

主要现象：在开车阶段，反应器的床层温度持续升高。

处理方法：控制甲醇进料温度，调整冷激甲醇量。

5. 回流罐液位过高

主要现象：回流罐内液位超过 50%。

处理方法：启动备用泵，增加阀门开度。

6. 回流量调节阀卡

主要现象：回流量减少，塔顶温度升高。

处理方法：打开旁路阀。

【项目测评】

一、选择题

1. 凡具有两个或两个以上被调参数、变送器、调节阀组成的自动控制系统称为（　　）。

A. 复杂控制系统　　B. 比值控制系统

C. 简单控制系统　　D. 串级控制系统

2. 本单元中 LIC102 和 FIC105 组成的控制系统是（　　）。

A. 分程控制系统　　B. 串级控制系统

C. 比值控制系统　　D. 前馈控制系统

3. 本单元中（　　）与（　　）组成串级控制系统

A. LIC103　　B. FIC108　　C. TIC123　　D. PIC107

4. 在正常情况下，FIC101 的正常值是（　　）kg/h。

A. 20 000　　B. 23 000　　C. 10 500　　D. 19 500

5. 在稳定情况下，LIC101 的液位稳定在（　　）左右。

A. 30%　　B. 50%　　C. 70%　　D. 100%

6. 在正常情况下，PIC109 的测量值不高于（　　）。

A. 0.4　　B. 0.5　　C. 0.7　　D. 0.8

7. 泵 P101A 坏出现的现象有（　　）。

A. 泵 P101A 显示为开启状态，但泵出口压力和流量急剧下降

B. PI102 的压力忽大忽小

C. FIC101 的流量增大

D. LIC103 的液位增大

8. 泵 P101A 坏的处理方法是（　　）

A. 关闭 FV101　　B. 关闭 V1056

C. 切换备用泵 P101B　　D. 增大 FV110 进料

9. 对于精馏塔的塔顶压力超高，应采取的稳妥办法有（　　）。

A. 增加冷却水量　　B. 塔顶压力调节阀开大

C. 减少进料加大采出　　D. 适当降低蒸汽量

10. 反应器飞温的处理方法是（　　）。

A. 减少进料，加大采出增加甲醇冷激汽流量

B. 增加汽化塔出口蒸汽量

C. 减小汽化塔再沸器蒸汽流量

D. 增加冷却水量

二、填空题

1. 甲醇制二甲醚的化学方程式为（　　　　　　　　）。

2. 在车间的塔器中，有（　　　　）和（　　　　）两种类型。

3. 为保证反应器内催化剂的活性，二甲醚触媒层温度的安全指标为（　　　　），触媒的主要成分是（　　　　）。

4. 甲醇和二甲醚适合使用的滤毒罐外观颜色是（　　　　），在空气中的允许浓度分别是（　　　　）和（　　　　）。

5. 汽化塔出口温度的考核指标为（　　　　），提馏段温度的考核指标为（　　　　），反应器触媒层温度要求控制在（　　　　）以下，精馏塔塔顶温度要求控制（　　　　）以下。

6. 正常生产系统稳定时，汽化塔、精馏塔、汽提塔的现场液位分别是（　　　　）、（　　　　）和（　　　　）。

7. 本装置排放的废气经（　　　　）（介质）洗涤后，有毒含量较低，其主要成分为（　　　　）、（　　　　）、（　　　　）和（　　　　）等。

8. 20℃时，甲醇和二甲醚的密度分别是（　　　　）和（　　　　）。

三、简答题

1. 列举汽化塔、精馏塔的塔釜温度（对应压力）考核指标。

2. 论述本书中甲醇制二甲醚工艺流程的优缺点。

3. 二甲醚反应器反应产物液相组成中甲醇含量高达50%，如何判断反应器故障？

4. 催化剂床层超温时该如何进行检查以判断引起超温的原因？

5. 精馏塔进料组成发生变化时，该怎么进行处理？

四、操作题

1. 二甲醚装置开车前的准备工作。

2. 二甲醚装置因高负荷运行而导致汽化塔釜管线发生砂眼泄漏扩大而被迫停车检修。

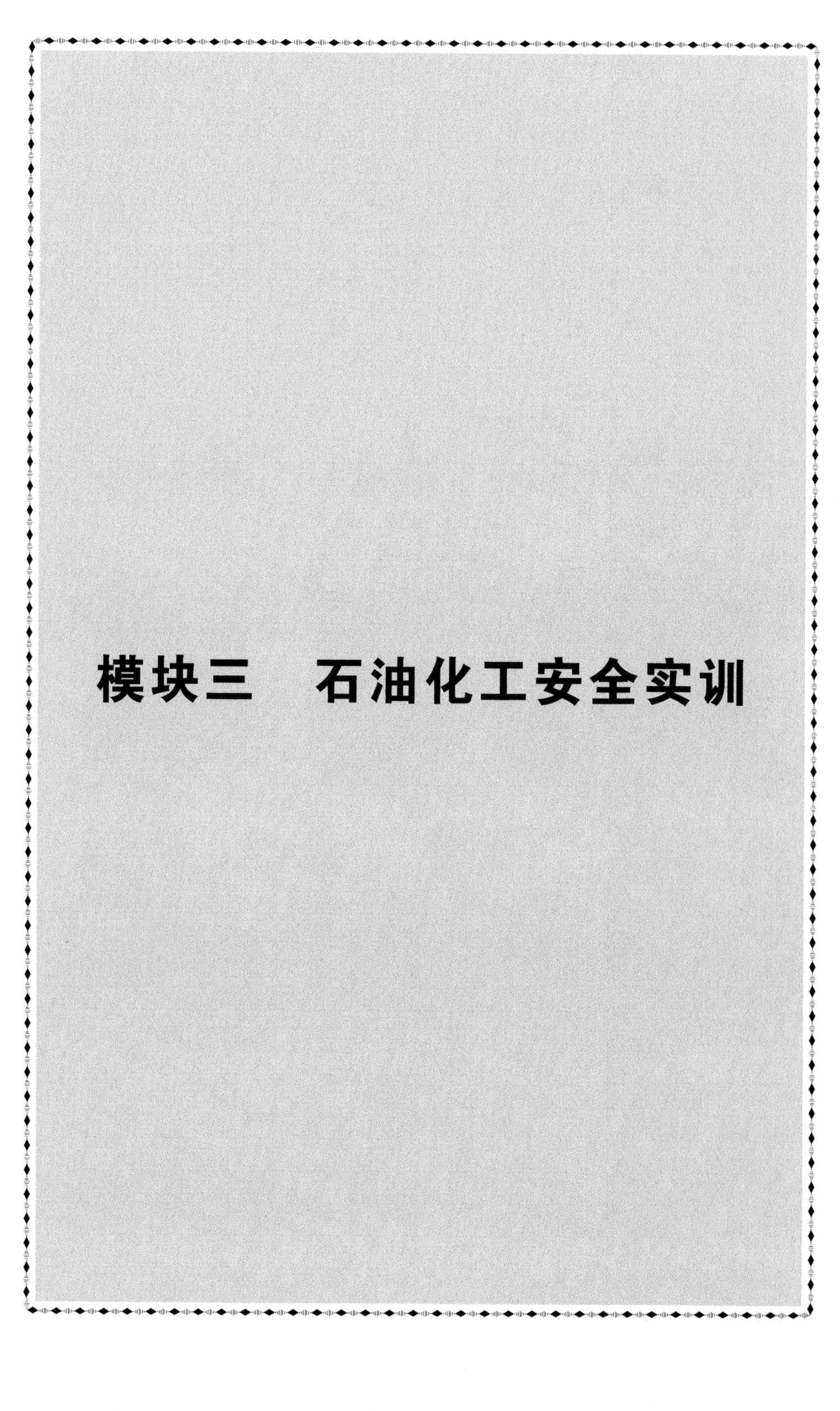

模块三　石油化工安全实训

项目十二

石油化工安全实训

［学习目标］

总体技能目标		通过本项目的学习，了解危险化学品的基本分类；熟悉石油化工中的主要危险品；熟知检测仪器、消防器材的种类和作用；掌握石油危险化学品检测仪器的使用方法；掌握消防器材的使用原理及方法
具体目标	能力目标	（1）能根据实际生产要求选择合适的检测仪器； （2）能对石油化工生产安全消防器材进行正确的操作与使用； （3）能对生产中的异常现象进行正确的分析、诊断，具有事故判断与处理的能力； （4）能安全、正确地操作与维护相关机电、仪表
	知识目标	（1）熟悉危险化学品的种类和石油化工中的主要危险品； （2）熟悉石油危险化学品检测仪器的种类和作用； （3）掌握石油危险化学品检测仪器的使用方法； （4）熟悉消防器材的种类及作用； （5）掌握消防器材的使用原理及方法
	素质目标	（1）学生应具有安全责任感和自觉性，以及较强的安全意识； （2）学生应具有安全生产的科学知识，懂得安全管理要求及岗位职责； （3）学生应具有分析安全事故、解决常见事故的能力，以及防止安全事故发生的能力

为了提高石油化工人员的技能素质，达到“我要安全、我会安全、我懂安全、我为安全”的安全工作目标，本书主要介绍了石油化工中的常见危险品、检测仪器的种类和作用、检测仪器的使用方法、消防器材的种类和消防器材的工作原理及方法等石油化工安全方面的知识。

任务一　石油化工常见危险品

一、丙烯

1．丙烯的理化性质与燃爆特性

丙烯为无色有烃类气味的气体，熔点为 －191.2℃，沸点为 －47.7℃；对水的相对密度为（水=1）0.5，对空气的相对密度为（空气=1）148；临界温度为91.9℃，临界压力为4.62MPa；溶于水和乙醇。本品易燃，闪点为-108℃；爆炸下限为1.0%，爆炸上限为15.0%；引燃温度为455℃；最小点火能为0.282mJ；最大爆炸压力为0.843MPa。

2. 丙烯对人体健康的危害

丙烯对人体健康造成危害的主要途径为吸入方式。

丙烯为单纯窒息剂及轻度麻醉剂。人吸入丙烯成分的多少可引起意识丧失的程度如下：当浓度为15%时，需30min；当浓度为24%时，需3min；当浓度为35%~40%时，需20s；当浓度为40%以上时，仅需6s，并引起呕吐。

若长期接触可引起头昏、乏力、全身不适、思维不集中，个别人会出现胃肠道功能紊乱。

3. 急救措施

将吸入丙烯者迅速脱离现场至空气新鲜处；保持呼吸道通畅，如呼吸困难，需输氧；如呼吸停止，应立即进行人工呼吸并立即就医。

4. 燃爆特性与消防

（1）危险特性：易燃，若丙烯与空气混合，能形成爆炸性混合物；若丙烯遇热源和明火，就有燃烧爆炸的危险；若丙烯与二氧化氮、四氧化二氮、氧化二氮等激烈化合，与其他氧化剂接触会剧烈反应。丙烯气体比空气重，能在较低处扩散到相当远的地方，遇明火会引着并回燃。

（2）灭火方法：切断气源。若不能立即切断气源，则不允许熄灭正在燃烧的气体。喷水使容器冷却下来，或将容器从火场移至空旷处。灭火剂有雾状水、泡沫、二氧化碳、干粉等。

5. 泄漏应急处理

若发生丙烯泄漏事件，应将现场工作人员迅速撤离泄漏污染区至上风处，并进行隔离，严格限制出入；切断火源；应急处理人员必须戴自给正压式呼吸器，穿消防防护服；尽可能切断泄漏源；用工业覆盖层或吸附/吸收剂盖住泄漏点附近的下水道等地方，防止气体进入；合理通风，加速扩散；用喷雾状的水稀释、溶解；构筑围堤或挖坑收容产生的大量废水；如有可能，将漏出气用排风机送至空旷地方或装设适当喷头烧掉；对漏气容器要妥善处理，需修复、检验后再使用。

6. 储运注意事项

对于易燃压缩气体，应储存于阴凉、通风仓内；仓内温度不宜超过30℃；防止阳光直射；应与氧气、压缩空气、氧化剂等分开存放；储存仓内的照明、通风等设施应采用防爆型且开关设在仓外；需配备相应品种和数量的消防器材；若用罐储存，则要有防火、防爆技术措施；对于露天储罐，则夏季要有降温措施；禁止使用易产生火花的机械设备和工具；验收时要注意品名、验瓶日期，先进仓的先使用；搬运时轻装轻卸，防止钢瓶及附件破损。

7. 防护措施

工程控制生产过程需密闭，全面通风；呼吸系统防护一般不需要特殊防护，但建议在特殊情况下，佩戴自吸过滤式防毒面具（半面罩）。

对于眼睛，一般不需要特殊防护，高浓度接触时可戴化学安全防护眼镜；对于身体的防护，需穿防静电工作服；对于手的防护，需戴一般作业防护手套；其他工作现场严禁吸烟；避免长期反复接触；丙烯在进入罐、限制性空间或其他高浓度区作业时，需有人监护。

8. 稳定性和反应活性

丙烯具有较强的稳定性。其切忌与强氧化剂、强酸接触；丙烯燃烧（分解）的产物有一氧化碳和二氧化碳。

9. 环境资料

丙烯对环境有危害，对鱼类和水体要给予特别注意。还应特别注意丙烯对地表水、土壤、大气和饮用水的污染。

10. 废弃

允许丙烯气体被安全地扩散到大气中或当作燃料使用。

二、苯

1. 苯的理化性质

苯为无色、有甜味的透明液体，熔点为5.5℃，沸点为80.1℃，对水的相对密度（水=1）为0.88，对空气的相对密度（空气=1）为2.77。

2. 苯的主要用途

苯被用作溶剂及合成苯的衍生物、香料、染料、塑料、医药、炸药、橡胶等。苯不溶于水，而溶于醇、醚、丙酮等多数有机溶剂。苯燃烧时会爆炸；危险性引燃温度为560℃；爆炸上限（*V*%）为8.0%，爆炸下限为（*V*%）1.2%。

3. 苯的危险特性

苯具有易燃的特性，其蒸汽与空气可形成爆炸性混合物，遇明火、高热极易燃烧、爆炸；与氧化剂能发生强烈反应；易产生和聚集静电，有燃烧爆炸危险；其蒸汽比空气重，能在较低处扩散到相当远的地方，遇火源会着火并回燃。

切忌苯与强氧化剂接触。

4. 苯的灭火方法

用喷水法让容器冷却下来，或将容器从火场移至空旷处；处在火场中的容器若已变色或从安全泄压装置中产生声音，必须马上撤离。灭火剂有泡沫、干粉、二氧化碳、砂土等。

5. 苯的毒性及健康危害

（1）健康危害。高浓度苯对中枢神经系统有麻醉作用，会引起急性中毒；长期接触苯对造血系统有损害，会引起慢性中毒。

（2）急性中毒的主要表现为，轻者有头痛、头晕、恶心、呕吐、轻度兴奋、步态蹒跚等酒醉状态；严重者发生昏迷、抽搐、血压下降，以致呼吸和循环衰竭。

（3）慢性中毒的主要表现有神经衰弱综合征；造血系统改变——白细胞、血小板减少；重者出现再生障碍性贫血；少数病例在慢性中毒后可发生白血病（以急性粒细胞性为多见）。皮肤损害有脱脂、干燥、皲裂、皮炎。苯可致月经量增多与经期延长。

6. 苯的储运

苯的储运注意事项：储存于阴凉、通风的库房；远离火种、热源；库温不宜超过30℃；保持容器密封；应与氧化剂、食用化学品分开存放，切忌混储；采用防爆型照明和完善的通风设施；禁止使用易产生火花的机械设备和工具；储区应备有泄漏应急处理设备和合适的收容材料。本品铁路运输时限使用钢制企业自备罐车装运，装运前需报有关部门批准。铁路运输时应严格按照铁道部《危险货物运输规则》中的危险货物配装表进行配装。运输时运输车辆应配备相应品种和数量的消防器材及泄漏应急处理设备。在夏季最好早晚运输。运输时所用的槽（罐）车应有接地链，槽（罐）内可设孔隔板以减少震荡产生的静电。严禁与氧化剂、食用化学品等混装混运。运输途中应防曝晒、雨淋，防高温。中途停留时应远离火种、热源、高温区。装运该物品的车辆的排气管必须配备阻火装置，禁止使用易产生火花的机械设备和工具装卸。公路运输时要按规定路线行驶，勿在居民区和人口稠密区停留。铁路运输时要禁止溜放。严禁用木船、水泥船散装运输。

7. 防护措施

若皮肤接触了苯，应脱去污染的衣着，用肥皂水和清水彻底冲洗皮肤。

若眼睛接触了苯，应提起眼睑，用流动的清水或生理盐水冲洗，并立即就医。

若人吸入苯，则应迅速脱离现场至空气新鲜处，并保持呼吸道通畅。如呼吸困难，需输氧；如呼吸停止，则应立即进行人工呼吸，并立即就医。

若不小心食入苯，则应饮足量的温水，催吐，并立即就医。

8. 泄漏处置

若发生苯泄漏事件，应将现场工作人员迅速撤离泄漏污染区至安全区，并进行隔离，严格限制其出入；切断火源；应急处理人员需戴自给正压式呼吸器，穿防毒服；尽可能切断泄漏源；防止苯流入下水道、排洪沟等限制性空间。如果只是小量泄漏，就用活性炭或其他惰性材料吸收也可以用不燃性分散剂制成的乳液刷洗，洗液稀释后放入废水系统。如果发生大量泄漏事故，则需构筑围堤或挖坑收容，同时用泡沫覆盖，降低蒸汽灾害。用喷雾状的水或泡沫冷却和稀释蒸汽，并保护现场人员，用防爆泵将泄漏的苯转移至槽车或专用收集器内，回收或运至废物处理场所处置。

三、硫化氢

1. 硫化氢的燃烧爆炸危险性

硫化氢的爆炸极限为4.0% ~46.0%，且易燃，与空气混合能形成爆炸性混合物，遇明火、高热能引起燃烧、爆炸。其与浓硝酸、发烟硝酸或其他强氧化剂会剧烈反应，发生爆炸。硫化氢气体比空气重，能在较低处扩散到相当远的地方，遇火源会着火并回燃。其稳定性较强，不存在聚合危险性。禁忌物包括强氧化剂、碱类。硫化氢燃烧（分解）时会产物氧化硫。

2. 硫化氢的灭火方法

消防人员必须穿全身防火防毒服，在上风向灭火；切断气源；若不能切断气源，则不允许熄灭泄漏处的火焰。喷水冷却容器，可能的话将容器从火场移至空旷处。灭火剂采用雾状水、抗溶性泡沫、干粉。

3. 硫化氢的储运注意事项

硫化氢须储存于阴凉、通风的库房，库温不宜超过30℃，保持容器密封；其应与氧化剂、碱类分开存放，切忌混储；采用防爆型照明、通风完善的设施；禁止使用易产生火花的机械设备和工具；储区应备有泄漏应急处理设备；采用钢瓶运输时相关人员必须戴好钢瓶上的安全帽，钢瓶一般平放，并应将瓶口朝同一方向，不可交叉；高度不得超过车辆的防护拦板，并用三角木垫卡牢，防止滚动；在运输时，运输车辆应配备相应品种和数量的消防器材。

装运该物品的车辆的排气管必须配备阻火装置，禁止使用易产生火花的机械设备和工具装卸；中途停留时应远离火种和热源。

4. 硫化氢的毒性及对人体健康的危害

硫化氢对人体造成危害的主要途径是吸入。

（1）健康危害：本品是强烈的神经毒物，对黏膜有强烈的刺激作用。

（2）急性中毒：短期内吸入高浓度硫化氢后会出现流泪、眼痛、眼内异物感、畏光、视物模糊、流涕、咽喉部灼热感、咳嗽、胸闷、头痛、头晕、意识模糊等症状。部分患者可能会有心肌损害。重者可出现脑水肿、肺水肿。吸入极高浓度（1 000mg/m^3 以上）的硫化氢时患者可在数秒内突然昏迷，呼吸和心跳骤停，发生闪电型死亡。

5. 急救

（1）对皮肤接触的急救方法：脱去污染的衣着，立即用流动清水彻底冲洗。若接触的是硫化氢的液化气体，则接触部位需用温水浸泡复温。注意给患者保温并且保持安静。吸入或接触该物质可引发迟发反应。确保医务人员了解该物质相关的个体防护知识，注意自身防护。

（2）对眼睛接触的急救方法：立即提起眼睑，用流动清水冲洗 10min 或用 2% 的碳酸氢钠溶液冲洗，并立即就医。

（3）对吸入的急救方法：使吸入者迅速脱离现场至空气新鲜处，保持呼吸道通畅；呼吸困难时需输氧，对呼吸停止者，须立即进行人工呼吸（勿口对口，可用单向阀小型呼吸器或其他适当的医疗呼吸器），并立即就医。

6. 防护措施

（1）工程控制：严加密闭，提供充分的局部排风和全面通风。提供安全淋浴和洗眼设备。

（2）呼吸系统防护：硫化氢在空气中的浓度超标时，需佩戴过滤式防毒面具（半面罩）。紧急事态抢救或撤离时，建议佩戴氧气呼吸器或空气呼吸器。

（3）身体防护：穿防静电工作服。

（4）手防护：戴防化学品手套。

（5）眼防护：戴化学安全防护眼镜。

（6）其他：工作现场禁止吸烟、进食和饮水。工作完毕，淋浴更衣，并及时换洗工作服。

作业人员应学会自救互救。进入罐、限制性空间或其他高浓度区作业时，需有人监护。

7. 泄漏处置

迅速撤离泄漏污染区人员至上风处，并立即进行隔离，严格限制工作人员的出入；切断火源；应急处理人员需戴自给正压式呼吸器，穿防静电工作服；工作人员需从上风处进入现场；尽可能切断泄漏源；合理通风，加速扩散；用喷雾状的水对泄漏在空气中的硫化氢进行稀释、溶解；构筑围堤或挖坑收容产生的大量废水。如有可能，将残余气或漏出气用排风机送至水洗塔或与塔相连的通风橱内，或使其通过三氯化铁水溶液，管路装止回装置以防溶液吸回。对漏气容器要妥善处理，应修复、检验后再使用。

任务二　检测仪器种类及作用

石油化工中的有毒有害、易燃易爆物质种类繁多，对作业环境的有害物质进行准确、及时的检测、检验，是预防和控制石油化工企业中毒及火灾爆炸事故的有效手段。下面对石油化工企业中常见的几种危险化学品的检测技术进行介绍。

一、KP810 单一防水型气体检测仪

KP810 单一防水型气体检测仪是一款国内首创操作菜单的仪器，简便、无需更换电池、防水防尘防爆、配合可更换直插式气体传感模块。KP810 单一防水型气体检测仪广泛应用于采油、冶炼、化工、市政、污水处理、电力、煤气、采矿、隧道施工、消防、仓储、造纸、制药、酿造等多种需要检测有毒有害、易燃易爆气体浓度的场所。

1. KP810 单一防水型气体检测仪的主要功能及特点

（1）具有采用先进技术的超低功耗微控元件；

（2）具有超小的体积、精巧的设计；

（3）具有传感器故障自检、自动校准功能，可减小测量误差；

（4）提供可更换的直插式模块传感器；

（5）手感好，小巧，便于携带；

（6）采用工程塑胶精铸而成的防滑、防水、防尘、防爆壳体。

2. KP810 单一防水型气体检测仪的技术参数

（1）检测气体：可燃、有毒气体。

（2）传感器：可燃的为催化燃烧式传感器；有毒的为电化学式传感器。

（3）检测范围：0 ~ 100% LEL/0 ~ 20ppm/0 ~ 50ppm/0 ~ 100ppm。

（4）分辨率：1% LEL/1ppm/0. 1ppm。

（5）报警点：低、高两级报警点。

（6）检测方式：自然扩散式。

（7）检测精度：±3% F. S。

（8）电池：锂电池。

（9）重量：约 132g（含电池、附件）。

（10）防爆等级：ExdⅡCT3。

（11）防护等级：IP66。

（12）相应时间：≤30s。

（13）传感器寿命：可燃的为 2～3 年；有毒的为 1.5～2 年。

（14）温度范围：-40℃～70℃。

（15）湿度范围：≤95%。

（16）报警方式：声、光、振三级报警。

（17）报警音量：≥75dB。

（18）工作时间：可燃气体的工作时间大于 8h（电池充满）；有毒气体的工作时间大约为 200h。

（19）外观尺寸：100mm×58mm×30mm。

二、KP826 多功能气体检测仪

KP826 多功能气体检测仪的灵敏度较高、响应时间较快，配备液晶显示屏以及音频声光报警提示，能够在较复杂的环境下进行气体的浓度监测。该种气体检测仪可检测各种可燃及有毒气体的现场浓度，包括氢气、甲烷、乙烷、丙烷、丁烷、壬烷、甲醇、乙醇、丙醇、乙烯、乙酸乙酯、甲苯、二甲苯、丙酮、丁酮、氯乙烯、液化气、天然气、乙炔、丙烯腈、沼气、环乙烷、丙烯、二甲胺、乙酸、甲醛、柴油、汽油、醋酸、酒精、溶剂油、环氧乙烷、硫酸二甲酯、六氟化硫、甲醚、异丁烷、二甲醚、三甲胺、松节油、油气、油漆、瓦斯、苯甲醇、二氯甲苯、醋酸甲酯、苯胺、二乙胺、二氯乙烯、环己胺、丁烯、丁酸、乙酸乙酯、异丁烯、三乙胺等可燃气体；氢气、氨气、氯气、臭氧、氟气、光气、硅烷、磷烷、硫酸、溴气、氰化氢、硫化氢、磷化氢、氯化氢、溴化氢、氟化氢、氯甲烷、氯乙烷、氯丙烷、砷化氢、氯乙烯、碘甲烷、一氧化碳、二氧化碳、二氧化硫、一氧化氮、二氧化氮、二氧化氯、二氯乙烷、二氟化氮、四氯化碳、三氯甲烷、氟利昂、六氟化硫、煤气等。

1. KP826 多功能气体检测仪的主要功能及特点

（1）体积小巧、携带轻便、坚固，有音频声、光报警指示；

（2）有大屏幕数字显示，瞬时值、峰值、平均值显示；

（3）在开机或需要时，可对显示、电池、传感器、声光振报警功能进行自检；

（4）安全提示：定期闪灯、声音提示；
（5）具有存储3000条记录的功能；
（6）产品使用简单、操作方便、后期维护费用很低；
（7）可以支持对1~4种气体的实时检测。

2. KP826多功能气体检测仪的主要技术参数

（1）传感器：氧气及有毒气体为电化学型，可燃气体/催化式；
（2）电 池：3.6V锂离子充电电池；
（3）工作时间：可燃可连续工作15h，有毒气体可连续工作200h左右；
（4）显示：大屏幕液晶显示；
（5）报 警：声、光报警；
（6）直接读数：瞬时值、峰值、电池电压、TWA、STEL；
（7）防护等级：IP66；
（8）工作温度：-20℃~60℃；
（9）工作湿度：5%~90%RH；
（10）尺寸：126mm×66mm×33mm；
（11）重量：220g（带充电器）。

三、TXD-SZO氧化锆氧量分析仪

1. TXD-SZO氧化锆氧量分析仪的主要功能及用途

TXD-SZO氧化锆氧量分析仪可对锅炉、窑炉、加热炉等燃烧设备在燃烧过程中所产生的烟气含量进行快速、正确的在线检测分析，以实现低氧燃烧控制，达到节能目的，减少环境污染。

TXD-SZO氧化锆氧量分析仪由氧化锆头（一次仪表）和氧量变送器（二次仪表）两部分组成。TXD-SZO型氧化锆探头外壳采用耐高温、耐腐蚀的不锈钢材料制成。探头锆管能方便地拆卸、更换。

TXD-SZO型氧量变送器结构简单，安装尺寸规范，线路设计合理，工艺质量先进，仪表性能稳定可靠，调试方便。TXD-SZO氧化锆氧量分析仪由于其优越的性价比，数年来在国内大中型电厂得到了广泛应用。

2. TXD-SZO氧化锆氧量分析仪的技术指标

（1）基本误差：<+3%F.S，仪表精度Ⅰ级；
（2）量程：0~25% O_2；
（3）本底修正：-20~20mV；
（4）被测烟气温度：中低温型应低于700℃；高温型为800℃~1 200℃；
（5）输出信号：0~10m ADC，4~20m ADC任意设置；

（6）负载能力：0～1.2kΩ（0～10mA 时）或 0～600Ω（4～20mA 时）；

（7）环境能力：0℃～50℃，相对湿度为小于 90%；

（8）电源：220V+10%，50Hz；

（9）功耗：变送器约 8W，加热炉平均为 50W；

（10）响应时间：90% 约 3s；

（11）氧化锆探头加热炉升温时间：约为 20min。

四、防爆型氧量分析仪

防爆型氧量分析仪为壁挂式，防爆型氧化锆检测器为直插式防爆法兰安装；探头接线盒为国际通用型防爆变送器接线盒，防爆型氧化锆氧量分析仪的安装、接线以及调校方法与常规氧化锆氧量分析仪一致。

五、微量氧分析仪

1. 微量氧分析仪的主要功能及特点

微量氧分析仪的一体式设计可减少外部干扰对测量值的影响；探头采用特殊材料，使其耐腐蚀能力更强；具有高防护等级的仪表外壳；内置显示和按键设计，即使在恶劣的环境下也能保证仪表部分的使用寿命；采用标准 DN65 法兰式安装，使得安装简单方便；有高精度的温度自动补偿系统，可消除环境温度的影响；操作简单、使用寿命长、易维护。

2. 应用领域

微量氧分析仪广泛应用于烟气在线连续监测系统（CEMS）烟气湿度的测量，也可应用于木材、建材、造纸、化工、制药、纤维、纺织、烟草、蔬菜、食品加工的湿度测控。此分析仪还可用于陶瓷干燥窑炉、焊条干燥炉等高温环境的湿度测定。

任务三　检测仪器的使用

一、KP826 气体检测报警仪

1. KP826 气体检测报警仪的功能描述

液晶显示屏具有背景灯光显示功能。当气体浓度超过报警点时，可激发报警或按下任意键时自动激发报警。在正常检测过程中，如果处于光线很弱的环境下，单击上键或下键也可激发背景灯光显示。KP826 气体检测报警仪的操作键如图 12－1 所示。

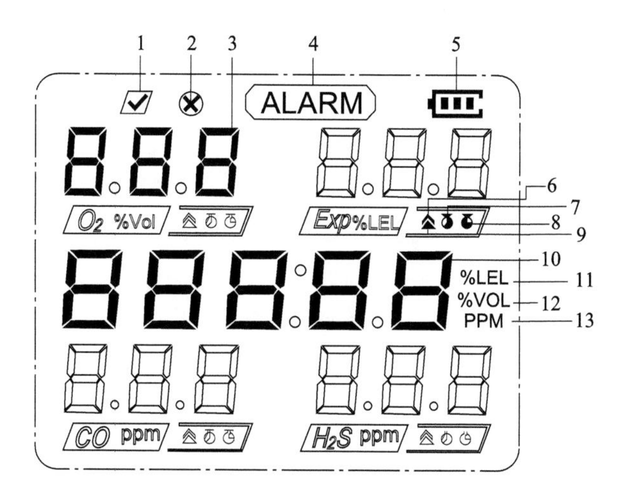

图 12－1　KP826 气体检测报警仪的操作键

1—检测通过符号；2—检测失败符号；3—提示显示；4—报警符号；5—电池符号；
6—二级报警符号；7—STEL 值符号；8—TWA 值符号；9— 一级报警符号；
10—数据显示；11—% LEL 单位符号；12—% Vol 单位符号；13—PPM 单位符号

2. 设置模式

在设置模式中，仪器不能用于测量；操作者在设置模式中可以完成的功能设置有报警或非报警模式和转换声、光工作提示方式。

（1）进入设置模式。在正常的测量模式情况下，同时按住“▲”和“▼”约 3s，仪器将激发声音提示，进入设置模式。

（2）更改仪器设置。设置模式的菜单机构见表 12－1。在设置模式中，按“▲”或“▼”选择设置项，按“①”确认选项，然后进入该选项便可以修改参数。对于参数，按“▲”可增加数值或上翻，按“▼”可减少数值或下翻。按“①”键确认修改。一旦完成修改，新的参数将被仪器保存。

表 12－1　显示说明

设置类型	显示（举例）	说明
安全提示	bEP YES	通过按“▲”或“▼”来选择上翻状态或下翻状态，选择“NO”表示光提示，选择“YES”表示光及声音提示，按“①”确认数据
报警方式	ALn YES	通过按“▲”或“▼”来选择上翻状态或下翻状态，选择“NO”表示仪器超过报警时不会报警，处于检测功能，没有报警功能；如果选择“YES”表示有检测及报警功能，按“①”确认数据

续表

设置类型	显示（举例）	说明
一级报警	10 PPM	通过按“▲”或“▼”来选择增加数值或上翻状态或减少数值或下翻状态，按“①”确认数据
二级报警	ALARM 20 PPM	通过按“▲”或“▼”来选择增加数值或上翻状态或减少数值或下翻状态，按“①”确认数据
STEL 报警	20 PPM	通过按“▲”或“▼”来选择增加数值或上翻状态或减少数值或下翻状态，按“①”确认数据
TWA 报警	20 PPM	通过按“▲”或“▼”选择来增加数值或上翻状态或减少数值或下翻状态，按“①”确认数据
保存提示	SUE YES	通过按“▲”或“▼”来选择上翻状态或下翻状态，选择“NO”表示不保存修改数据；选择“YES”表示保存修改数据，按“①”确认数据，并退出设置模式

3. 日常使用与维护

（1）在使用仪器之前，请详细阅读操作手册。

（2）本仪器需由经过一定时间培训的人员或专门人员使用与维护。

（3）本仪器的使用必须严格按规则操作。

（4）仪器的维修和部件的更换，必须采用原装备件，并由受过专门培训的人员来完成。

（5）更换电池或充电时必须在安全场所进行。

（6）请注意防止仪器从高处跌落，或受到剧烈震动。

（7）仪器显示不正常，并发出间断声响，是电池电压过低所致，充电后即可恢复正常。

（8）严禁将仪器暴露在高浓度腐蚀性气体环境下长时间工作，以防降低传感器的灵敏度，严重时损坏传感器。

二、TXD－SZO 氧化锆氧量分析仪

1. TXD－SZO 氧化锆氧量分析仪的操作方法

按“←”键并保持 2s，等显示出参数代号后再放开，再按“←”键，仪

表将显示该参数，通过“←”“<”“C”“▲”等键可修改参数值（按键某一位小数点闪亮，即可用“C”“▲”键修改此位）。

（1）参数功能。

Loc：若要设置以下参数，先把Loc设置为808，在设置结束后，可把Loc -3设置为其他值，防止误操作改变设置值；

dA：若等于零则电流输出为0~10mA；若不等于零，则电流输出为4~20mA；

dIL：0~+20.00，线性输入零点显示值；

dIH：0~+20.00，线性输入满度显示值，对应dIL~dIH，脚输出电流为4~20mA。

（2）特别注意。本仪表的4~20mA输出为模拟信号输出，在与计算机连接时，必须先检查计算机输入的方式是模拟信号输入还是二线制输入，如为模拟信号输入，即可以将仪表的输出与计算机的输入直接相接；如计算机为二线制输入，则仪表的输出与计算机的输入之间必须加装隔离器隔离，仪表才能正常使用（计算机都有二线制输入，即既为信号线又为电源线）。如果误将模拟信号输入错当二线制输入接入，则仪表的输出必将损坏。

在锅炉停止运行的同时，务必将氧量分析仪的电源也同时断开，以确保氧化锆探头正常的工作寿命。硫化床炉在用水清洗烟道粉尘时，请不要将水洒到氧化锆探头上，因氧化锆锆管遇水将要爆裂。

2. 关于氧化锆本底电势的检测及设定修正值的方法

（1）不用标气的校验方法。将氧化锆检测器置于大气中，将仪表的连线都接好，给仪表通电（氧化锆检测器同时也加热工作），待仪表显示稳定的氧量值后（氧化锆检测器大约需要通电1~2h后，氧量值读数才能稳定），然后将仪表显示的氧量值与大气作比较（大气的含氧量标准值应为20%~20.6%），仪表显示的实际氧量值应高于大气标准值，高出部分的数值就叫本底电势值，这个值必须在仪表上进行修正。修正方法：仪表在工作状态下连续按设置键，显示“SC”（本底修正符号），将本底电势值输入仪表，然后按工作键，仪表应显示大气氧量为20%~20.6%，如不显示20%~20.6%，则需反复修改“SC”，直到显示20%~20.6%为止。

（2）标气校验。先按上面的方法将示值修正到20%~20.6%，然后将标气接到探头的标气入口处，打开标气（流量控制在100mL以内），示值应符合精度要求。

（3）温控值的设定。仪表在工作状态下连续按设置键，显示“cc”温控设定符号，温控值可以任意设定，为了延长探头的使用寿命，温控值绝不能大于750℃，出厂时都设定在700℃，即探头加热到700℃后即显示氧量值，请不要随意改变温控值。“▲”键在设置状态时为“+”键；在工作状态时为当前温度值与当前氧量值的切换键。

3. 氧化锆探头氧量分析仪安装的注意事项

（1）在安装时氧探头必须慢慢地将之插到烟道里，避免锆管突遇高温而爆裂；氧探头接线盒上的两个进气口必须朝下，一个进气口为参比气入口，为常开口，不能堵住；另一个进气口为标气入口，为常闭口，试验完毕必须堵住，这才能确保测量精度。

（2）在安装时氧探头法兰与法兰之间必须用石棉垫垫好，不能漏气，以免影响测量精度；氧探头的底部装有白色过滤器，时间久了会积满粉尘，从而影响气体穿透力，故必须及时更换。

（3）氧探头在使用8～10个月后，最好重新进行标定，确定本底值。若没有标气，则按上面的方法确定，最好用标气校验。

（4）氧量分析仪的主要元件为集成电路，集成电路的工作温度不能超过55℃，所以氧量分析仪的安装位置应选在通风背阴、雨水淋不到、环境温度不能超过50℃的地方。

4. 安装点的选择

（1）氧探头应安装在烟气流动好的位置，切忌安装在炉内侧、死角、涡流及缩口处，内侧和死角点易使响应迟缓，涡流处氧量波动大，缩口处易灰堵且冲刷大。安装点处应有操作平台，这样便于安装探头和校准，且操作方便。

（2）在电厂锅炉和工业锅炉中应将氧探头装在过热器与省煤器中间，安装点烟温度在400℃左右。

（3）加热炉体应将氧探头装在空气预热器前。

任务四　消防器材的种类

消防器材的种类主要包括灭火器、消火栓系统和消防破拆工具等。

一、灭火器

灭火器按充装的灭火剂来分可分为干粉类灭火器、二氧化碳灭火器、水基型灭火器（包含清水灭火器、泡沫灭火器）和洁净气体灭火器。比如，卤代烷型灭火器，俗称“1211”灭火器和“1301”灭火器。

灭火器按驱动灭火器的压力形式来分可分为以下三类：

（1）储气式灭火器。该灭火剂由灭火器上的储气瓶释放的压缩气体或液化气体的压力驱动所组成。

（2）储压式灭火器。该灭火剂由灭火器同一容器内的压缩气体或灭火蒸汽的压力驱动所组成。

（3）化学反应式灭火器。该灭火剂由灭火器内化学反应产生的气体压力驱动所组成。

二、消火栓系统

消火栓系统包括室内消火栓系统和室外消火栓系统。室内消火栓系统包括室内消火栓、水带、水枪。室外消火栓系统包括地上和地下两大类。室外消火栓系统在大型石化消防设施中应用比较广泛，由于地区的安装条件、使用场地不同，受到不同限制，石化消防水系统已多数采用稳高压水系统，消火栓也由普通型渐渐转化为可调压型。

遇有火警时，根据箱门的开启方式，按门上的弹簧锁，销子自动退出，拉开箱门后，取下水枪拉转水带盘，拉出水带，同时把水带接口与消火栓接口连接上，按下箱体内的消火栓报警按钮，把室内消火栓手轮顺开启方向旋开，即能进行喷水灭火。

1. 消防水枪

消防水枪是灭火的射水工具，用其与水带连接会喷射密集充实的水流。其具有射程远、水量大等优点。它由管牙接口、枪体和喷嘴等主要零部件组成。直流开关水枪由直流水枪增加球阀开关等部件组成，可以通过开关控制水流。

2. 水带接扣

水带接扣用于水带、消防车、消火栓、水枪之间的连接，以便输送水和泡沫混合液进行灭火。它由本体、密封圈座、橡胶密封圈和挡圈等零部件组成，密封圈座上有沟槽，用于扎水带。它具有密封性好、连接既快又省力、不易脱落等特点。

3. 管牙接口

管牙接口装在水枪进水口端，内螺纹固定接口装在消火栓、消防水泵等出水口处；它们都由本体和密封圈组成，一端为管螺纹，另一端为内扣式。它们都用于连接水带。

4. 消防水带

消防水带是消防现场输水用的软管。消防水带按材料可分为有衬里消防水带和无衬里消防水带两种。无衬里水带承受压力低、阻力大、容易漏水、易霉腐且寿命短，适于建筑物内火场铺设。衬里水带承受压力高、耐磨损、耐霉腐、不易渗漏、阻力小，经久耐用，也可任意弯曲折叠，随意搬动，使用方便，适用于外部火场铺设。

5. 室内消火栓

室内消火栓是一种固定消防工具。其主要作用是控制可燃物、隔绝助燃物、消除着火源。室内消火栓的使用方式如下：

（1）打开消火栓门，按下内部火警按钮（按钮是报警和启动消防泵的）。

（2）一人接好枪头和水带奔向起火点。

（3）另一人接好水带和阀门口。

（4）逆时针打开阀门水喷出即可（电起火要确定切断电源）。

6. 室外消火栓

室外消火栓是一种安装在室外的固定消防连接设备。其种类有室外地上式消火栓、室外地下式消火栓和室外直埋伸缩式消火栓。

室外地上式消火栓在地上接水，操作方便，但易被碰撞，易受冻；室外地下式消火栓的防冻效果好，但需要建较大的地下井室，且使用时消防队队员要到井内接水，操作不方便。室外直埋伸缩式消火栓在不使用时压回地面以下，而在使用时拉出地面工作。其比地上式消火栓能避免碰撞，防冻效果好；比地下式消火栓操作方便，直埋安装更简单。

7. 水箱

水箱是连接消防管道的储存水箱。其主要用于火灾中的供水设备，能更好地防止火灾的蔓延和熄灭。

三、消防破拆工具

消防破拆工具包括消防斧和切割工具等。

任务五　消防器材的使用

灭火器是一种可由人力移动的轻便式灭火器器具，它能在其内部压力的作用下，将所充装的灭火剂喷出，用来扑救火灾。我国现行的国家标准将灭火器分为手提式灭火器和车推式灭火器两种。下面就人们经常见到和接触到的手提式灭火器的分类、使用方法作一简要的介绍。

一、手提式干粉式灭火器

手提式干粉式灭火器的操作步骤和操作方法：可手提或肩扛着灭火器快速奔赴火场，在距燃烧处5m左右，放下灭火器。如在室外，应选择在上风方向喷射。使用的干粉灭火器若是外挂式储压式的，操作者应一手紧握喷枪，另一手提起储气瓶上的开启提环。如果储气瓶的开启是手轮式的，则向逆时针方向旋开，并旋到最高位置，随即提起灭火器。当干粉喷出后，迅速对准火焰的根部扫射。使用的干粉灭火器若是内置式储气瓶的或者是储压式的，操作者应先将开启把上的保险销拔下，然后握住喷射软管前端的喷嘴部，另一只手将开启压把压下，打开灭火器进行灭火。在使用时有喷射软管的灭火器或储压式灭火器，应一手始终压下压把，不能放开，否则会中断喷射。

在用干粉灭火器扑救可燃、易燃液体火灾时，应对准火焰要部扫射，如果被扑救的火灾呈液体流淌燃烧时，应对准火焰根部由近而远并左右扫射，直至把火焰全部扑灭。如果可燃液体在容器内燃烧，使用者应对准火焰根部左右晃动扫射，使喷射出的干粉流覆盖整个容器开口表面；当火焰被赶出容器时，使用者仍应继续喷射，直至将火焰全部扑灭。在扑救容器内可燃液体火灾时，应注意不能将喷嘴直接对准液面喷射，防止喷流的冲击力使可燃液体溅出而扩大火势，造成灭火困难。如果可燃液体在金属容器中燃烧时间过长，容器的壁温已高于扑救可燃液体的自燃点，此时极易造成灭火后再复燃的现象，此时应与泡沫类灭火器联用，这样灭火效果更佳。

使用干粉灭火器扑救固体可燃物火灾时，应对准燃烧最猛烈处喷射，并上下、左右扫射。如条件许可，使用者可提着灭火器沿着燃烧物的四周边走边喷，使干粉灭火剂均匀地喷在燃烧物的表面，直至将火焰全部扑灭。

二、泡沫灭火器

泡沫灭火器的灭火液由硫酸铝、碳酸氢钠和甘草精组成。灭火时，将泡沫灭火器倒置，泡沫即可喷出，覆盖着火物而达到灭火目的。它适用于扑灭桶装油品、管线、地面的火灾，不适用于电气设备和精密金属制品的火灾。

三、四氯化碳灭火器

四氯化碳气化后是无色透明、不导电、密度较空气大的气体。灭火时，将机身倒置，喷嘴向下，旋开手阀，即可喷向火焰使其熄灭。它适用于扑灭电气设备和贵重仪器设备的火灾。四氯化碳毒性大，使用者要站在上风口。在室内，灭火后要及时通风。

四、二氧化碳灭火器

二氧化碳是一种不导电的气体，密度较空气大，在钢瓶内的高压下为液态。灭火时，只需扳动开关，二氧化碳即以气流状态喷射到着火物上，隔绝空气，使火焰熄灭。它适用于精密仪器、电气设备以及油品化验室等场所的小面积火灾。二氧化碳由液态变为气态时，大量吸热，温度极低（可达到-80℃），要避免冻伤。同时，二氧化碳虽然无毒，但是有窒息作用，应尽量避免吸入。

任务六　正压式空气呼吸器的使用方法

一、使用前的准备

（1）检查空气呼吸器各组部件是否齐全、无缺损，接头、管路、阀体连接是否完好。如果组部件缺损，一般情况下是不能使用的；如果情况紧急，缺损的部件不影响呼吸保护功能时，可酌情谨慎使用。

（2）检查空气呼吸器供气系统的气密性和气源压力数值。首先检查减压器和瓶阀连接处的O形圈是否完好，然后将瓶阀和减压器连接好，拧牢。使供气阀处于关闭状态，打开瓶阀开关，等管路和阀体中充满压缩空气后关闭瓶阀，记下压力表示值，保压2min，压力表示值的下降量不应超过2MPa。

打开瓶阀开关后，压力表示值就是气瓶储气压力值，根据实际工作需要，确定此储气压力是否能满足使用空气呼吸器进入火灾现场或灾区工作的需要。一般规定，气瓶储气压力不低于额定工作压力的80%时，才能进入火灾现场或灾区工作。

（3）从供气阀的旁路阀缓慢地放气，报警器发出响亮的报警声时的压力值应在4.5～5.5MPa的范围内。

（4）关闭供气阀的旁路阀和供气阀门，然后打开瓶阀开关，将全面罩正确地戴在头部深吸一口气，供气阀的阀门应能自动开启并供气。在人体吸气时，供气阀会发出“嗞嗞”的供气声音，而在呼气和屏气时，则没有这种声音。如果在不同吸气量时，人体没有供气不足的感觉，在不同呼气量时，人体也没有明显地感到呼吸困难，则说明空气呼吸器供气正常。

（5）检查气瓶是否固定牢固。主要是看气瓶固定带的长度是否合适，固定带卡子是否卡好锁紧；如果固定带的长度不适合要重新调整，只有固定带长度合适，卡子卡好锁紧，气瓶才能固定牢固。通过以上的直观检查，各项检查都符合要求，空气呼吸器才可以正常使用。

二、佩戴方法

通过以上直观检验合格的空气呼吸器才能佩戴使用，佩戴步骤如下：

（1）将断开快速接头的空气呼吸器，瓶阀向下背在人体背部；不带快速接头的空气呼吸器，将全面罩和供气阀分离后，将其瓶阀向下背在人体背部；

根据身高调好调节带的长度，根据腰围调好腰带的长度后，扣好腰带。

调节带和腰带长度合适并扣好腰带后，人体肩部不会很明显地感到呼吸器的重量。

将压力表调整到便于佩戴者观察的位置。

（2）将快速接头插好，供气阀和全面罩也要连接好；对没有快速接头的空气呼吸器要将供气阀和全面罩连接好；把全面罩的脖带挂在脖子上。

（3）将瓶阀开关打开一圈以上，此时应该听到一声响亮的报警器报警的声音，以告知使用者瓶阀打开后气路已充满压缩空气；压力表的指针也应指示相应的气瓶储气压力。

（4）佩戴好全面罩后深吸一口气，供气阀充气后（此时供气阀的旁路阀应在关闭位置），观察压力表的指针在大吸气量时是否回摆，如果回摆，说明瓶阀开关的开气量不够，应将瓶阀开关再打开一些，直至压力表指针不回落为止。

佩戴全面罩时，要对称地贴近人的头部和面部拉紧全面罩系带，但不要将系带拉得太紧，以面部贴合良好又无压痛为佳。此时就可以佩戴空气呼吸器进火灾现场或灾区现场了。

（5）要将空气呼吸器从人体上取下来，按以下步骤进行：

①松开全面罩系带，关闭供气阀阀门；

②从头上取下全面罩，将脖带挂在脖子上；

③关闭瓶阀开关；

④解开腰带卡子，为了便于从人体上取下呼吸器，搬动调节带卡子，调节带自动拉长；

⑤从人体上取下空气呼吸器，放在清洁无污染的地方。

三、使用后的维护

粘在空气呼吸器上的粉尘、烟雾颗粒、有毒有害物质统称为污染物。

1. 清洗、消毒

当消防队队员或抢险人员从火灾灾区现场撤出，取下身体上的空气呼吸器后，应对空气呼吸器进行初步清洗，除掉其上的明显污染物，并注意不要污染全面罩内部，然后从空气呼吸器上拆下全面罩、气瓶。

用中性清洁剂对全面罩进行浸泡清洗，用专用镜片纸或脱脂棉将镜片擦净，再用医用酒精对全面罩的口鼻罩、密封唇进行清洗和消毒，然后将全面罩晾干或用暖风吹干。

空气呼吸器的气瓶也要擦洗干净，同时检查其外部表面是否已使碳纤维断裂，碳纤维断裂的气瓶必须经专业厂家维修后才能使用。

背板及肩、腰带，气瓶固定带也要用中性清洁剂擦洗干净晾干或用暖风吹干以备再用。

2. 将空气呼吸器恢复到使用前的状态。

（1）将气瓶充气至30MPa，气瓶冷却后，压力也不能低于28MPa，否则要补气；

（2）将气瓶瓶阀和减压器连接好，并用固定带将气瓶固定；

（3）按“空气呼吸器使用前的准备”中规定的五项对其进行检查并使其符合要求。将符合使用要求的空气呼吸器存放到规定地点，以备随时使用。

四、注意事项

使用空气呼吸器时必须遵守前面叙述的规定，同时要特别注意以下：

（1）使用空气呼吸器时，必须事先检查气瓶的储气压力，根据产品使用时间=气瓶储气压力（MPa）×气瓶容积（L）×9.8×0.9/人体中等做功量消耗空气量（L/min）估算使用时间。必须避免气瓶无储气且须佩戴使用空气呼吸器，否则将造成死亡或严重疾病。

（2）使用前检查、佩戴、拆卸空气呼吸器必须在无污染物的安全的地方进行。

（3）使用空气呼吸器时如发现突然供气不足，可打开供气阀的旁路阀，其开启量要适中，能保证正常供气即可，然后撤离火灾或灾区现场。

（4）空气呼吸器的供气管路发生橡胶龟裂时，要立即更换，以保证使用安全。

（5）佩戴空气呼吸器时如果在人体呼气和屏气时，供气阀仍然供气，往往是全面罩佩戴不正确造成的。如果全面罩佩戴正确后，供气阀仍然连续供气，要立即修理全面罩和供气阀。

（6）连接供气阀和全面罩时，要取下供气阀输出端的护罩，还要仔细检查供气阀和全面罩连接的牢固性和正确性。

（7）佩戴空气呼吸器工作时，要注意观察压力表，当压力表指示值为5.5~4.5MPa时，无论报警器是否发出报警声，都要撤离现场。

（8）向储气瓶充装的空气必须是干燥的、符合国家相关标准、可供人体呼吸的空气。

（9）清洗空气呼吸器时，一定要注意不要将瓶阀和减压器的接口、供气阀和全面罩的接口污染，否则将对人体造成伤害。

（10）对于空气呼吸器，最好是每台产品由专人使用。

五、常见的几种测试空气呼吸器功能的方法

以下介绍的测试空气呼吸器功能的方法是在无检测仪表时，空气呼吸器使用前后和维修时常用的功能检查方法，可酌情应用。

1. 全面罩气密性的检查

将全面罩正确地戴在头部，然后用手掌捂住全面罩和供气阀的接口（或将供气阀和全面罩连接好，但供气阀不供气），缓慢吸气，全面罩镜片向人体面部移动，紧贴在脸上，这说明全面罩气密性良好。

2. 漏气位置的确定

在检查空气呼吸器供气系统的气密性时，从压力表示值可确定供气系统是否漏气，但不能确定是何处漏气，为确定漏气位置可采用两种方法：

（1）在各连接处或漏气可疑处涂香皂沫，冒气泡的地方，就是漏气位置，可对其进行处理，直至气密。然后擦干净香皂沫，以免侵蚀零件表面。

（2）在条件允许的情况下，将连接处或漏气可疑处浸入水中，连续冒气泡的地方，就是漏气位置。排除漏气保证气密后，要将浸入水中的部位擦干净，然风干或烘干。

3. 供气正压性的检查

佩戴好空气呼吸器，正常呼吸，在全面罩和人的脸部之间，扒开一条窄缝，这时会感觉到有气流从面罩内向环境大气中流动，也会听到空气流动的“咝咝”声，关闭此夹缝，使全面罩和人的脸部贴合良好，再不会感到有上述现象。若重复几次，都会有同一现象，这说明空气呼吸器是正压供气。

4. 检查与维护

符合下列条件之一的空气呼吸器应进行检查与维护：

（1）经过长途运输，准备立即使用的；

（2）储存时间达 6 个月准备继续储存的；

（3）长期储存，准备立即使用的；

（4）空气呼吸器经过 6 个月没有使用的。

六、储存

储存的空气呼吸器必须经过维护检查，确定其性能合格，然后将其登记在案。

（1）储存的环境条件。空气呼吸器必须储存在远离尘埃、光照、无化学物质腐蚀和危险性物质的环境中，环境温度为 5℃ ~35℃，相对湿度不大于 80% 的干燥库房中。

（2）存放。空气呼吸器应装在包装箱中存放，全面罩不能被挤压，高压、中压管路应避免小圆弧折弯，压力表壳不能受压，空气呼吸器必须是清洁干燥的。在储存时，气瓶应保存有0.5～1MPa压力的压缩空气。

任务七　心肺复苏模拟人使用方法及故障处理

心肺复苏（CPR）既是专业的急救医学，也是最重要的急救知识技能，是在生命垂危时采取的行之有效的急救措施。在健康人心脏骤停时，必须对其采取气道放开、胸外按压、人工口鼻呼吸、体外除颤等抢救过程，以使病人在最短的时间内得到救护。在抢救过程中气道是否放开，胸外按压位置、按压强度是否正确，人工呼吸吹入潮气量是否足够，规范动作是否正确等，是抢救病人的关键。

一、心肺复苏模拟人的性能特点

（1）模拟生命体征。

①初始状态时，模拟人瞳孔散大，颈动脉无搏动。

②按压过程中，模拟人颈动脉被动搏动，搏动频率与按压频率一致。

③抢救成功后，模拟人瞳孔恢复正常，颈动脉自主搏动。

④瞳孔缩放和颈动脉搏动有开关，可开启和关闭。

（2）可进行人工呼吸和心外按压，也可进行标准气道开放，气道指示灯变亮。

（3）操作方式有CPR训练、模式考核和实战考核三种。

①CPR训练。可进行按压和吹气训练。

②模式考核。在设定的时间内，根据“2010国际心肺复苏标准”，正确按压和吹气数按30∶2的比例，完成5个循环操作。

③实战考核。老师可自行设定操作时间范围、操作标准、循环次数、操作频率、按压和吹气的比例。

二、使用说明

1. 心肺复苏模拟人的安装

先将复苏人体模型和微电脑控制器从硬塑箱内取出，让模拟人平躺仰卧在操作台或平地上，先将微电脑控制显示器连接电源线，再将控制显示器与人体模型用数据线进行连接，最后将电脑显示器与220V电源接好，即完成心肺复苏模拟人连线安装过程。图12－2所示的是心脏复苏模拟人的结构示意。

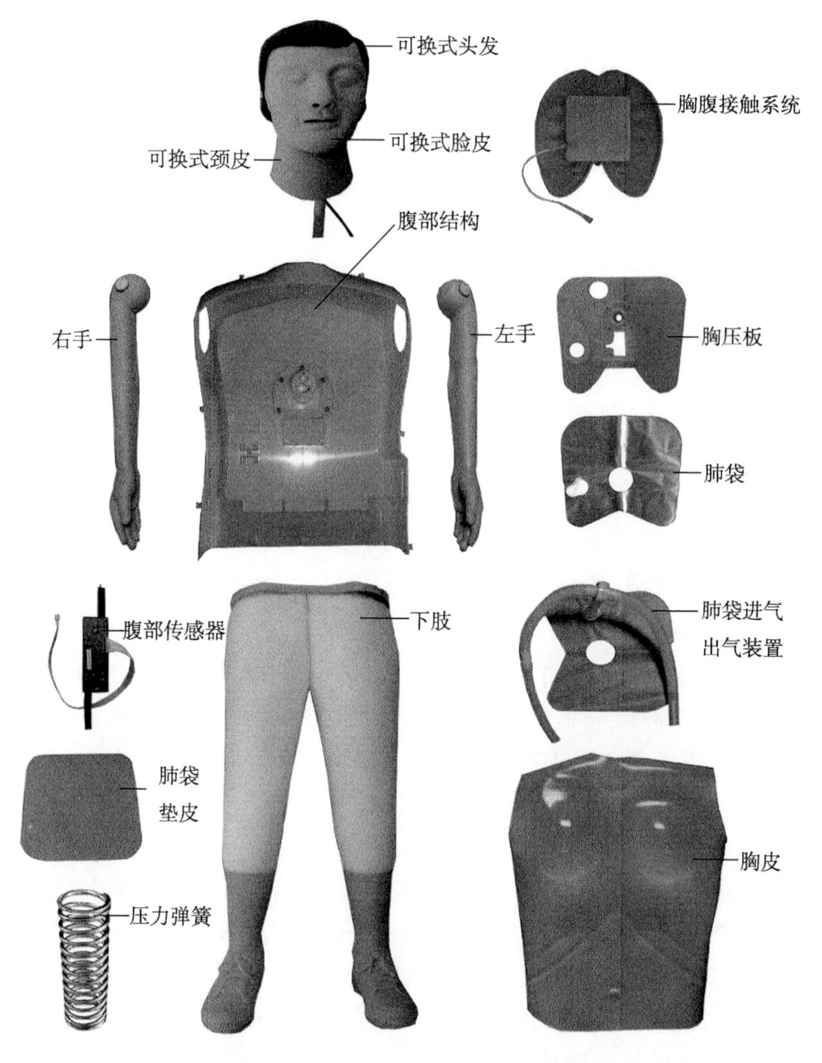

图 12－2　心脏复苏模拟人的结构示意

2. 操作前的功能设定及使用方法

在完成连线过程后，打开电脑显示器后面的电源开关。

（1）按功能键开始设定并按“确认”键确认（任何设定后都要按“确认”键进行确认，从按功能键开始就可以根据语音提示进行设置）。

（2）选择操作标准（操作标准分为 2005 标准和 2010 标准）。

（3）选择操作方式。有以下三种工作方式：

①训练：用户可以随意地进行人工呼吸和胸外按压操作，以熟练其技术。

②模式：根据语音提示设定操作时间和操作频率，根据“2010 国际心肺

复苏标准”，按压和吹气数按 30∶2 的比例，完成 5 个循环操作。

③实战：根据语音提示可自行设定循环次数（1～9 次）、按压次数和吹气次数。

选择好工作方式后，语音提示“请选择操作时间”和“请选择操作频率”，默认操作时间为 150s，操作频率为 100 次/min。最后语音提示：“请按‘开始’键进行操作”。这时操作时间以倒计时的方式开始计时。

在待机状态下按“选择”键可进入中文说明书查看，进入说明书显示时可按“选择”键进行翻页，翻页时速度稍慢，按“复位”键退出。

3. 在操作过程中，必须掌握规范动作及注意事项

（1）气道开放：让模拟人平躺，操作人一只手捏住模拟人的鼻子，另一只手从后颈或下巴将头托起，往后仰 70°～90°，形成气道放开，便于人工呼吸，气道打开后显示器上的气道开放指示灯会亮起，每次人工吹气前都需要打开气道。

（2）人工呼吸功能提示：在进行口对口人工呼吸时，当操作者吹入的潮气量达到 500/600～1000mL 时，人体吹气条码灯的绿灯发光管（正确区域）显示，吹气正确数码计数 1 次。当操作者吹入的潮气量小于 500mL 或大于 1000mL 时，人体吹气条码灯的黄灯发光管（不足）或红灯发光管（过大）显示，吹气错误数码计数 1 次，并有语音提示：“吹气不足”或“吹气过大”。如吹气量超大或过快，提示音会提示“吹气进胃部”并记错误次数 1 次。在出现错误后需纠正错误，再操作。

（3）胸外按压功能提示：首先找准胸部的正确位置——胸骨下切向上两指胸骨正中部（胸口剑突向上两指处）为正确按压区，双手交叉叠在一起，手臂垂直于模拟人胸部按压区，进行胸外按压。若按压位置正确，按压强度正确（正确的按压深度为 5～6cm），人体按压条码灯的绿灯发光管（正确区域）显示，正确按压数码计数 1 次，若按压位置错误，将有“按压位置偏上”“按压位置偏下”“按压位置偏右”“按压位置偏左”四种语音提示，并记按压错误 1 次。若按压位置正确而按压强度错误，人体按压条码灯的黄灯发光管（不足）或红灯发光管（过大）显示，将有语音提示“按压不足”或“按压过大”等，按压错误数码计数 1 次，需纠正错误，再操作。

4. 操作方式

（1）训练：此项操作是让学员熟练掌握操作的基本要领及各项步骤。当功能设定好时，学员就可以进行人工呼吸或胸外按压。完成设定好的操作时间后可按“打印”键打印操作记录。

（2）模式考核：标准考试模式。学员必须按考试标准程序进行，按

“2010年国际最新标准”，按压吹气比为30∶2，即正确胸外按压30次（不包括错误按压次数），正确人工呼吸2次（不包括错误吹气次数）进行胸外按压和人工呼吸。要求在考核设定的时间内，连续操作完成30∶2的5个循环。最后正确按压次数显示为150次，正确吹气次数显示为10次，即可成功完成考核。当成功完成考核后，将有语音提示“急救成功”，颈动脉连续搏动，瞳孔由原来的散大自动恢复正常。此时模拟人已被救活，即可按打印键打印操作成绩单。

（3）实战考核：实战考核模式是一个自由操作设定的模式，它不再限制学员在考核操作中按压30次和吹气2次及5个循环的标准操作模式，可自行设定操作时间范围、操作标准、操作频率、循环次数、按压和吹气数值。在设定好程序后开始操作，如在设定的时间和频率内完成按设定好循环次数所需的按压和吹气数，就表明考核通过，急救成功。此模式是一个非常自由的考核模式。操作结束后即可按“打印”键打印操作成绩单。

5. 单人模式考核标准电脑程序操作的规范步骤（2010标准，如图12－3所示）

（1）进行正确胸外按压30次（显示器上显示正确按压数为30）；

（2）先打开气道（此时显示器气道开放灯亮起），再进行正确人工吹气2次（显示器上正确吹气显示为2）；

图12－3　单人模式操作步骤

（3）连续进行正确胸外按压30次，正确人工呼吸2次（即30∶2）的5个循环；

（4）重复步骤（3）。

最后显示器上正确按压次数显示为150，正确吹气次数显示为10，即告知单人操作按程序操作成功，随之有语音提示“操作成功”，颈动脉连续搏动，瞳孔由原来的散大自动缩小，说明人被救活。注：双人考核操作步骤，就是一人做胸外按压，同时另一人做好气道开放并等按压完成后立即进行人工吹气操作，步骤跟单人考核步骤一样。

6. 更换肺袋

肺囊装置（肺气袋）破裂需重新更换时，可打开胸皮，将肺气袋上面的垫皮与传感器吹气拉杆连接的螺丝拧出，拿掉垫皮，把透明肺气袋与按压板下面的三通管连接处的波纹管拔出，按样更换上备用的新的肺气袋，按原样组装，恢复原样。

7. 常见故障排除

（1）开机后，若设备不能启动或有语音提示，则检查模拟人连接。其检查方法如下：

①检查电源是否接好并确认是否有电；

②检查控制器与模拟人之间的数据连接线两端是否插牢；

③检查电源线插头是否插紧或脱落；

④检查语音旋钮开关是否打开。

（2）人工吹气后，电子显示器显示异常或语音提示异常。其检查方法如下：

①检查模拟人气道是否打开；

②检查人工吹气方法是否正确；

③检查进气管是否脱落（取下脸皮后，即可在下颌处看见白色进气管）；

④检查肺气袋是否漏气和胸部内整个进气管道接口是否脱落（取下胸皮后，可在按压板下看见白色肺气袋以及相连的进气管道）。

（3）人工按压后，电子显示器显示异常或语音提示异常。其检查方法如下：

①检查按压板连接线或传感器连接线是否断裂；

②检查按压位置是否正确；

③检查按压强度是否正确；

④检查按压频率是否符合要求；

⑤检查腹部传感器下端的刻度尺上是否有灰尘，如有需擦净。

（4）按压语音提示不足。

打开胸部，卸下中间螺丝，将下面的传感器用手按压一下，查看有没有弹性，若有，则是由灰尘导致故障，请拆开方形传感器，将里面的灰尘用刷子轻轻刷干净即可。安装传感器时螺丝不能过紧或过松。排除故障后，需重新启动电脑。

（5）操作时控制器没有显示或没反应。

①检查控制器与模拟人之间的数据连接线是否在操作过程中松动或脱落。

②打开胸部，检查模拟人腰部位置的模拟人主线路板上的各种连接线插头是否松动或脱落。排除故障后，须重新启动电脑。

③打开胸部，卸下中间螺丝，将下面的传感器用手按压一下，查看有没有弹性，若没有，则拆下传感器，更换弹簧。安装传感器时螺丝不能过紧或过松。排除故障后，需重新启动电脑。

8. 维修保养

（1）模拟人在使用后需进行消毒，脸皮、口鼻、胸皮、呼吸管道、进气阀等可用清洁液擦洗、消毒；

（2）将模拟人与电脑显示器，安放在通风干燥处，千万不能放在潮湿或太阳曝晒的地方，以防影响使用寿命，注意使用时需要稳定的电压。

9. 注意事项

（1）在进行口对口人工呼吸时，必须垫上消毒纱布面巾，一人一片，以防交叉感染。

（2）操作时双手应清洁，女性请擦除口红及唇膏，以防脏污面皮及胸皮，更不允许用圆珠笔或其他色笔涂画。

（3）进行按压操作时，一定按工作频率按压，不能乱按，以免程序紊乱。如出现程序紊乱，立刻关掉电脑显示器的总电源开关，重新开启电脑，以防影响电脑显示器的使用寿命。

【项目测评】

一、单项选择题

1. 下面对剧毒品的描述中，（　　）是错误的。

A. 不准露天堆放　　B. 必须双人收发
C. 不能用玻璃瓶储存　　D. 必须密封储存

2. 遇水燃烧物质起火时，不能用（　　）扑灭。

A. 干粉灭火剂　　B. 泡沫灭火剂
C. 二氧化碳灭火剂　　D. 四氯化碳灭火器

3. 发生危险化学品事故后，应该向（　　）方向疏散。

A. 下风　　B. 上风　　C. 顺风　　D. 逆风

4. 下列（　　）有毒气体具有臭鸡蛋气味。

A. 二氧化硫　　B. 硫化氢　　C. 二氧化氮　　D. 一氧化氮

5. 在装卸易燃易爆品操作中，不能使用（　　）工具。

A. 铁制　　B. 木制　　C. 铜制　　D. 塑料制

6. 危险化学品生产装置检验具有频繁、（　　）、危险性大的特点。

A. 复杂　　B. 简单　　C. 繁杂　　D. 方便

7. 凡需要检验的设备，必须与运行系统可靠（　　）。

A. 隔离　　B. 连接　　C. 隔尽　　D. 闭合

8. 固定动火区距可燃易燃物质的设备、储罐、仓库、堆场等应符合国家有关防火规范的防火间距要求，距易燃易爆介质的管道最好在（　　）m以上。

A. 1　　B. 1.5　　C. 2　　D. 2.5

9. 动火分析不宜过早，一般不要早于动火前（　　）。

A. 30min　　B. 45min　　C. 1h　　D. 70min

10. 在无脚手架或无栏杆的脚手架上作业，高度超过（　　）m时，必须使用安全带或采取其他可靠的安全措施。

A. 0.5　　B. 1.0　　C. 2.0　　D. 1.5

二、多项选择题

1. 皮肤接触化学品伤害时所需采取的急救措施指现场作业人员意外地受到自救和互救的扼要处理办法。下列叙述中正确的是（　　）。

A. 剧毒品：立即脱掉衣着，用推荐的清洗介质冲洗。就医。

B. 中等毒品：脱掉衣着，用推荐的清洗介质冲洗。就医。

C. 有害品：脱掉污染的衣着，按所推荐的介质冲洗皮肤。

D. 腐蚀品：按所推荐的介质冲洗。若有灼伤，就医。

2. 当出现（　　）情形时，必须向当地公安部门报告。

A. 剧毒化学品的生产单位、储存单位、使用单位和经营单位发现剧毒化学品被盗、丢失或者误售

B. 通过公路运输的危险化学品需要进入禁止通行区域，或运输危险化学品途中需要停车住宿，或者无法正常运输

C. 剧毒化学品在公路运输途中发生被盗、丢失、流散、泄漏等情况

D. 危险化学品押运职员中途下车

3.《危险化学品安全治理条例》不适用于（　　）。

A. 民用爆炸品　　B. 放射性物品及核能物质

C. 剧毒化学品　　D. 城镇燃气

4. 常用危险化学品按其主要危险特性分为几大类，其中包括（　　）。

A. 爆炸品　　B. 压缩气体和液化气体

C. 易燃液体和易燃固体　　D. 有毒品和腐蚀品

5. 作业场所使用化学品是指可能使工人接触化学制品的任何作业活动，包括（　　）。

A. 化学品的生产、搬运、储存、运输

B. 化学品废物的处置或处理

C. 因作业活动导致的化学品的排放

D. 化学品设备和容器的保养、维修和清洁

6. 遇水燃烧物质是指与水或酸接触会产生可燃气体，它放出高热，该热量能引起可燃气体着火爆炸的物质。下列物质属于遇水燃烧物质的是（　　）。

A. 碳化钙（电石）　　B. 碳酸钙

C. 锌　　D. 硝化棉

7. 危险化学品包装物、容器定点企业应当具备的基本条件除具有营业执照、具有能够满足生产需要的固定场所、具有完善的产品质量治理体系外还有（　　）。

A. 具有满足生产需要的专业技术职员、技术工人和特种作业职员

B. 生产压力容器的，还应当取得压力容器制造许可证

C. 具有能够保证产品质量的专业生产、加工设备和检测检验手段

D. 具有完善的治理制度、操纵规程、工艺技术规程和产品质量标准

8. 排烟风机可采用（　　）。

A. 离心风机　　B. 排烟轴流风机

C. 普通轴流风机　　D. 自带电源的专用排烟风机

9. 自动喷水灭火系统宜设（　　）等辅助电动报警装置。

A. 控制阀　　B. 水流指示器　　C. 水力警铃　　D. 压力开关

10. 甲、乙、丙类液体储罐区的消防用水量应按（　　）之和计算。

A. 灭火用水量　　B. 冷却用水量

C. 室内消防用水量　　D. 室外消防用水量

三、判断题

1. 设置机械排烟的地下室，应同时设置送风系统，其送风量不宜小于排烟量。（　　）

2. 严重危险级的建筑物、构筑物，宜采用雨淋灭火排水幕喷头。（　　）

3. 自动喷水灭火系统报警阀后的管道上不应设置其他用水设施。（　　）

4. 卤代烷 1211、1301 和二氧化碳灭火系统都适用于扑救甲、乙、丙类液体火灾。（　　）

5. 无窗或固定窗扇的气体灭火系统的地上防护区，应设置机械排风装置，排风口宜设在防护区下部，并直通室外。（　　）

6. 在停车、检验施工、开车检验过程中，生产装置不易发生故障。（　　）

7. 在排放残留物料时，不能将易燃或有毒物排进下水道，以免发生火灾和污染环境。（　　）

8. 为保证检验动火和罐内作业的安全设备，检验前应对内部的易燃、有毒气体进行置换，并对酸、碱等腐蚀性液体进行中和处理。（　　）

9. 对于检验所使用的工具，检验前都要周密检查，凡有缺陷的或分歧格的工具，一律可以使用。 （　　）

10. 凡进罐内抢救的人员，必须根据现场情况穿着防毒面具或氧气呼吸器、安全带等防护用具。 （　　）

四、简答题

1. 简述手提灭火器的使用方法。

2. 化工管路发生泄露时，为防止事故扩大该如何操作?

3. 装置操作人员如何防止机械伤害事故的发生?

4. 工厂发生着火现象时应怎样处理?

5. 化工厂的工作人员由于吸入有毒气体发生昏迷时，该如何对其进行抢救?

参考文献

［1］林世雄，等．石油炼制工程（第3版）［M］．北京：石油工业出版社，2000.

［2］王丙申，钟昌龄，孙淑华，张澄清，等．石油产品应用指南［M］. 北京：石油工业出版社，2002.

［3］陈绍洲，常可怡，等．石油加工工艺学［M］. 上海：华东理工大学出版社，1997.

［4］寿德清，山红红，等．石油加工概论［M］. 北京：石油大学出版社，1996.

［5］程丽华，等．石油炼制工艺学［M］. 北京：中国石油化工出版社，2010.

［6］邹长军，等．石油化工工艺学［M］. 北京：化学工业出版社，2010.

［7］封瑞江，时维振，等．石油化工工艺学［M］. 北京：中国石油化工出版社，2011.

［8］刘景良．化工安全技术［M］. 北京：化学工业出版社，2008.